© 2023 Ludovica Capozzi - Prima edizione 2020

https://www.quaderni6-11.it

Tutti i diritti sono riservati.
Nessuna parte del libro può essere riprodotta o diffusa con un mezzo qualsiasi, fotocopie, microfilm o altro, senza il permesso scritto dell'autrice.

Le immagini appartengono all'autrice.
Layout grafico e impaginazione a cura di Ludovica Capozzi
Copertina a cura di www.anovaproject.com | info@anovaproject.com

Nel testo viene indicato il termine bambino solo nell'accezione maschile, per rendere la lettura fluida. Tuttavia, il riferimento è sempre all'identità sia maschile che femminile.

Ludovica Capozzi

Quaderni 6-11

Album Matematica 2

La numerazione da 11 a 99:

Tavole di Séguin I e II

Catena del cento

Catena del mille

La Numerazione da 11 a 99 e Catene 100-1000

a Davide e Angelo

"I numeri sono rappresentati da perle di differente colore".
[…] "Tutte queste perle differiscono, nell'aspetto, da quello
dei bastoncini delle decine, tutti di color dorato e usati anche
per costruire la rappresentazione completa del Sistema Decimale.
In esso non i colori, ma il modo di raggrupparsi delle perle
(punto, linea, quadrato, cubo) costituisce il mezzo del riconoscimento."

(Maria Montessori - "Psicoaritmetica", pag. 25)

Ludovica Capozzi

Biografia

Nata a Terracina nel 1975, insegnante di Scuola Primaria, Specializzata per le attività di Sostegno nella Scuola Primaria e nella Scuola dell'Infanzia ha conseguito con profitto il titolo Montessori presso l'Opera Nazionale Montessori in Roma.

Fin da subito, ha osservato che i Materiali Montessoriani, ricreati e contestualmente riadattati per la scuola comune, esprimevano una risorsa esperienziale per l'apprendimento dei concetti e delle nozioni. Nondimeno, gli stessi materiali, stimolando la curiosità e le intelligenze di ogni bambino, anche e soprattutto nei bambini con difficoltà e disabilità, permettevano di "lavorare con gioia" e di "provare il piacere della scoperta". Questa è stata, fin dagli inizi, la motivazione che l'ha spinta verso un modo innovativo e creativo di pensare l'apprendimento.

INDICE

1. Precisazione teorica	7
2. Nota metodologica	8
3. Esercizi paralleli al Sistema Decimale	9
4. Passaggio da una decina all'altra	10

    Numerazione da 11 a 19:
      Tavola I di Séguin
        Appaiamento Quantità e Simboli
          Analisi del nome
            Altri esercizi

    Numerazione da 11 a 99:
      Tavola II di Séguin

5. Nota metodologica	31
6. Numerazione progressiva:	32

    Scomposizione lineare del Quadrato:
      la Catena del cento
    Scomposizione lineare del Cubo:
      la Catena del mille

BIBLIOGRAFIA	46
ESERCIZI	47
SCHEDE CORRETTE	68
MATERIALI	86

Tavola I e Tavola II di Séguin
Frecce per la Catena del cento e la Catena del mille
Frecce bianche

Abbreviazioni:
sx: sinistra; dx: destra.

NOTA:
Nella sezione MATERIALI vengono inseriti i Materiali direttamente stampabili oppure vengono inserite le matrici, con le indicazioni, per riprodurli.

Questo libro fa parte della collana "Quaderni 6-11", e seguono il metodo Montessori. Nella stessa collana sono già stati pubblicati, in formato cartaceo e in formato PDF:
- "Album Matematica 1"
- "Album Matematica 2 – La numerazione da 11 a 99. La catena del cento e la catena del mille"
- "Album Matematica 2 – Il Sistema Decimale"
- "Album Linguaggio 1_Introduzione al Linguaggio"
- "Album Linguaggio 1_La scrittura"

I libri, in entrambi i formati, sono acquistabili presso il sito
https://www.quaderni6-11.it

I "Quaderni 6-11" sono divisi per argomento, non per classi scolastiche: è possibile creare, per ogni bambino, un percorso personale seguendo i tempi di apprendimento dello stesso.

Il "Quaderno" rivolto all'adulto che segue il bambino, è in forma di Guida e alterna presentazioni-lezioni ancorate alla teoria. Segue un Eserciziario, pensato per il Bambino, con i Materiali che sono stati utilizzati nelle presentazioni-lezioni (è opportuno che il Bambino li abbia con sé mentre lavora sul quaderno). Per alcuni esercizi sono previste le Schede corrette, affinché il bambino possa utilizzarle per l'Autocorrezione e lavorare in piena autonomia. Gli Esercizi e Le Schede corrette possono essere stampate, ritagliate lungo i bordi e inserite in raccoglitori, così da favorire il lavoro autonomo del bambino. Infine, sono presenti i Materiali da stampare in cartoncino e, dove è previsto che il bambino tocchi in modo sensoriale, sarebbe opportuno riprodurre la parte con carta smerigliata (es. numeri smerigliati). Esercizi e Materiali sono solo degli esempi a cui l'adulto, che segue il bambino, può ispirarsi per crearne altri, seguendo le predisposizioni, le inclinazioni e gli interessi di quest'ultimo.

IL MATERIALE, STAMPABILE, DEI Bastoncini di Perle Colorate E DELLE Aste della Numerazione È PROPOSTO IN
"ALBUM MATEMATICA 1 - PERCORSO DI ISPIRAZIONE MONTESSORIANA"

IL MATERIALE DEL SISTEMA DECIMALE, STAMPABILE, È PRESENTE NEL LIBRO
"ALBUM MATEMATICA 2 - IL SISTEMA DECIMALE"

La Numerazione da 11 a 99 e Catene 100-1000

1. PRECISAZIONE TEORICA

Ordinare e Riconoscere quantità e numeri per il Bambino, ora, è più facile:

> conosce il Materiale del Sistema Decimale
> (Perla – Bastoncino – Quadrato – Cubo)

> ha imparato a contare i numeri da 1 a 9
> (sia che abbiano o non abbiano lo stesso numero di ZERI)

> apprende, così, quantità via via sempre più grandi, nello stesso momento, in modo omogeneo, armonico e graduale

M. Montessori, a questo punto, prosegue con la Formazione dei Grandi Numeri, ossia i numeri dove sono presenti più gerarchie (ordini), per es. 1235   215   30.
Prima, però, in modo parallelo, il bambino deve superare alcune difficoltà relative alle parole dei numeri (soprattutto, nella numerazione dall'11 al 19, e nella numerazione delle decine dal 10 al 100); mentre, spesso, non mostra difficoltà a contare i numeri grandi (da 100 a 1000)

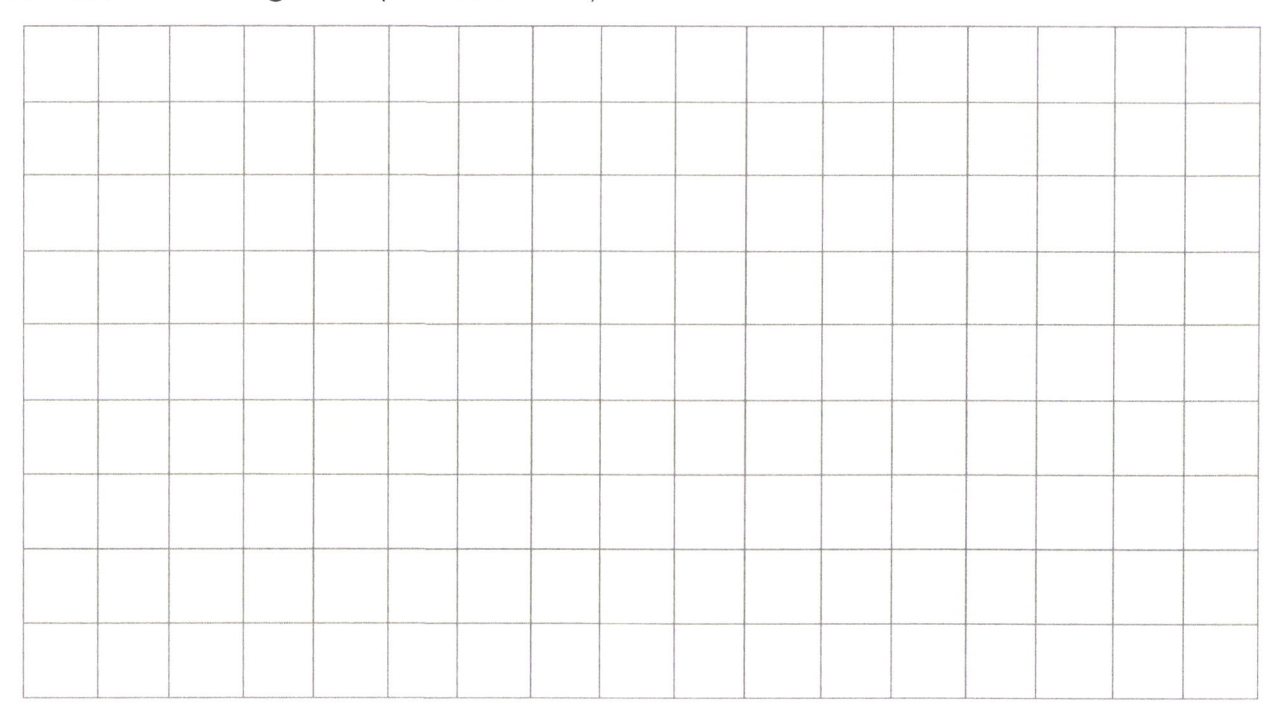

2. NOTA METODOLOGICA

M. Montessori spiega, durante le sue Conferenze, che *"le difficoltà si trovano sempre all'inizio del cammino, nelle cose più piccole e più semplici, che per essere piccole noi pensiamo essere più facili; le difficoltà si hanno nelle parole e nelle loro combinazioni, non nei numeri o nei raggruppamenti delle quantità".*

Dunque, presentiamo al bambino, un argomento generale nel suo insieme, poi lo completiamo con i *Dettagli*, attraverso gli *Esercizi Paralleli*, da svolgere contemporaneamente, e non in progressione. L'esercizio deve sempre avere uno *scopo* per essere interessante: esso serve, non solo ad approfondire le conoscenze, ma anche per renderle più chiare ed efficaci.

"... ogni particolare diventa interessante per il fatto di essere strettamente collegato agli altri ..."
(M. Montessori, *Dall'infanzia all'adolescenza*)

Dopo aver presentato il Materiale del Sistema Decimale, si procede con gli *Esercizi Paralleli*. La Formazione dei Grandi numeri, per opportunità di organizzazione e di conoscenze del bambino, possiamo presentarla successivamente, così da poter far svolgere, anche, le quattro operazioni con i Grandi Numeri e con il Materiale del Sistema Decimale.

3. ESERCIZI PARALLELI AL SISTEMA DECIMALE

Adesso, vengono presentati i Materiali per conoscere i numeri da 11 a 19, e da 11 a 99. Poi, vengono presentate e descritte, in forma lineare, le quantità che il bambino ha già conosciuto, ma in forma geometrica:

> il Quadrato del cento e il Cubo del mille diventano
> una Catena del cento e una Catena del mille,
> in cui, si
>
> ● VEDONO   ● CONTANO   ● TOCCANO
>
> 100 Perle unite in 10 Bastoncini del dieci che si susseguono in una Catena e
> 1000 Perle unite in 100 Bastoncini del dieci che si susseguono in una Catena

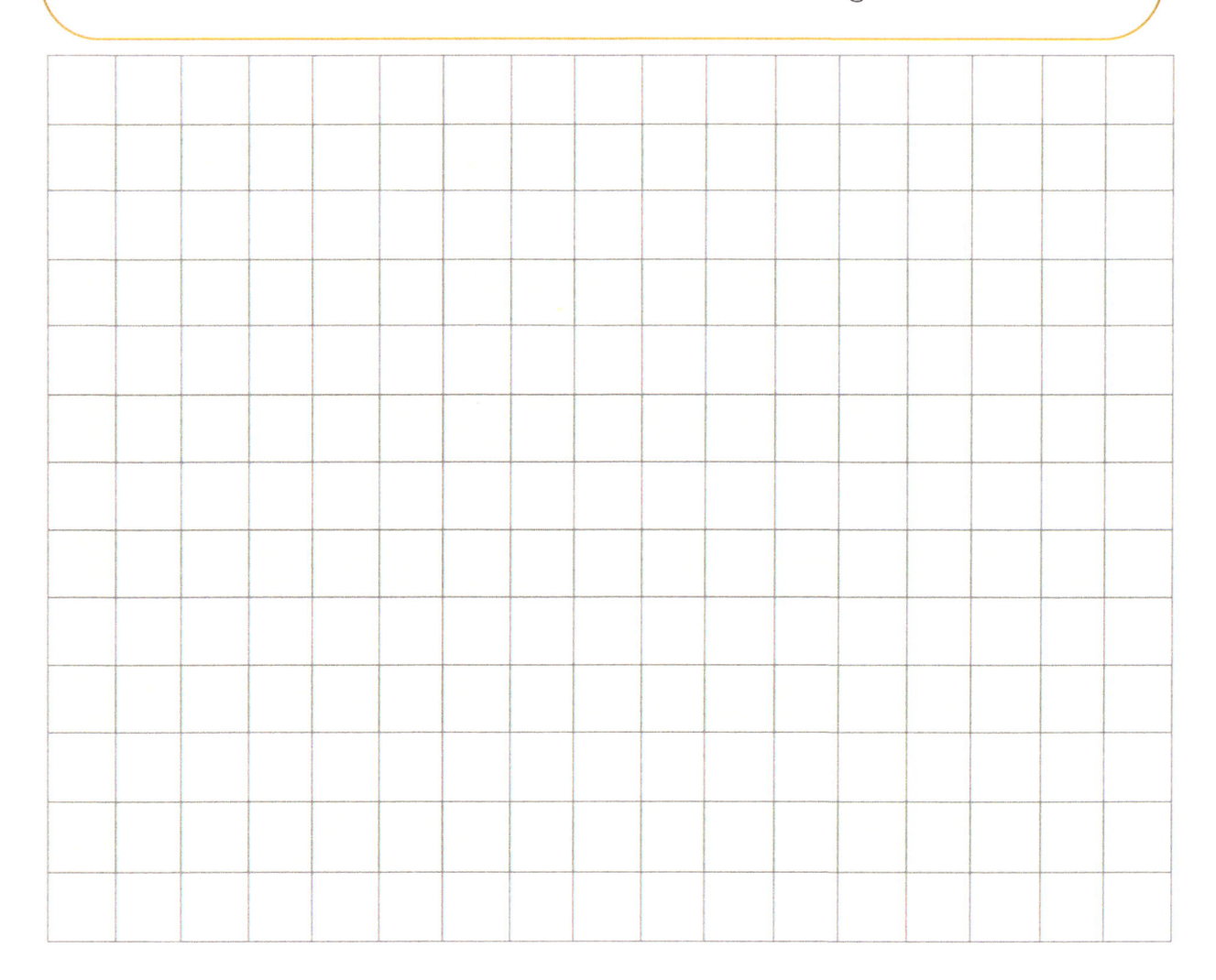

4. PASSAGGIO DA UNA DECINA ALL'ALTRA

Un Esercizio Parallelo consiste nel chiarire i passaggi da una decina all'altra.

MATERIALE

- Bastoncini di Perle Colorate
- Bastoncini di Perle dorate del dieci
- TAVOLA I e TAVOLA II di Séguin

NUMERAZIONE da 11 a 19:

TAVOLA I di SÉGUIN

QUANTITÀ E SIMBOLI

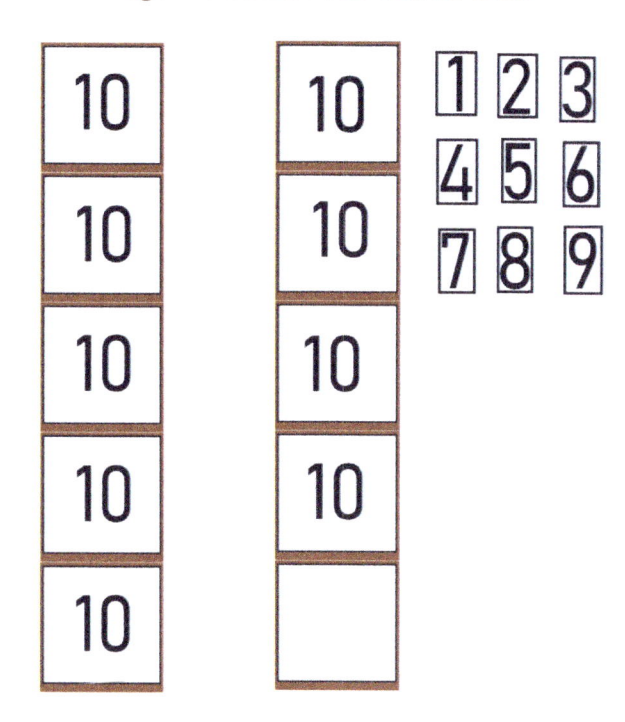

Le Tavole originali sono in legno ed, entrambe, sono divise in due, per essere utilizzate in modo più agevole.

Noi le possiamo riprodurre in cartoncino resistente.

La TAVOLA I è composta da:

- nove sezioni, all'interno di ognuna è scritto il numero 10 in simbolo;
- Tessere da 1 a 9 per la numerazione da 11 a 19
  (dietro le tessere possiamo porre della gomma adesiva removibile)

Per lavorare con la TAVOLA I abbiamo bisogno, inoltre, di una serie di Bastoncini di Perle Colorate.

La Numerazione da 11 a 99 e Catene 100-1000

Il bambino, finora, ha lavorato con la numerazione entro il 10, in quantità e simboli. Prima di iniziare, dunque, ci accertiamo che possegga i prerequisiti:
- Numerazione entro il 10
- Appaiamento Quantità-Simboli entro il 10.

Con le Aste della Numerazione e i Bastoncini di Perle Colorate proponiamo un II e III TEMPO, ossia un lavoro di Riconoscimento e Verifica-Memorizzazione (Album Matematica 1-Percorso di ispirazione montessoriana):

"MI DAI 4?"

"QUAL È 3?"

"COME SI CHIAMA QUESTO (5)?"

Adesso il bambino è pronto per affrontare il lavoro.

> ### IMPORTANTE
> La LEZIONE DEI 3 TEMPI (Album Matematica 1 - Percorso di ispirazione montessoriana) deve essere regolata sul bambino: la divisione in gruppi da presentare (simboli/oggetti) è indicativa. Si possono presentare le decine anche in gruppi più numerosi (es., ogni 5 decine).

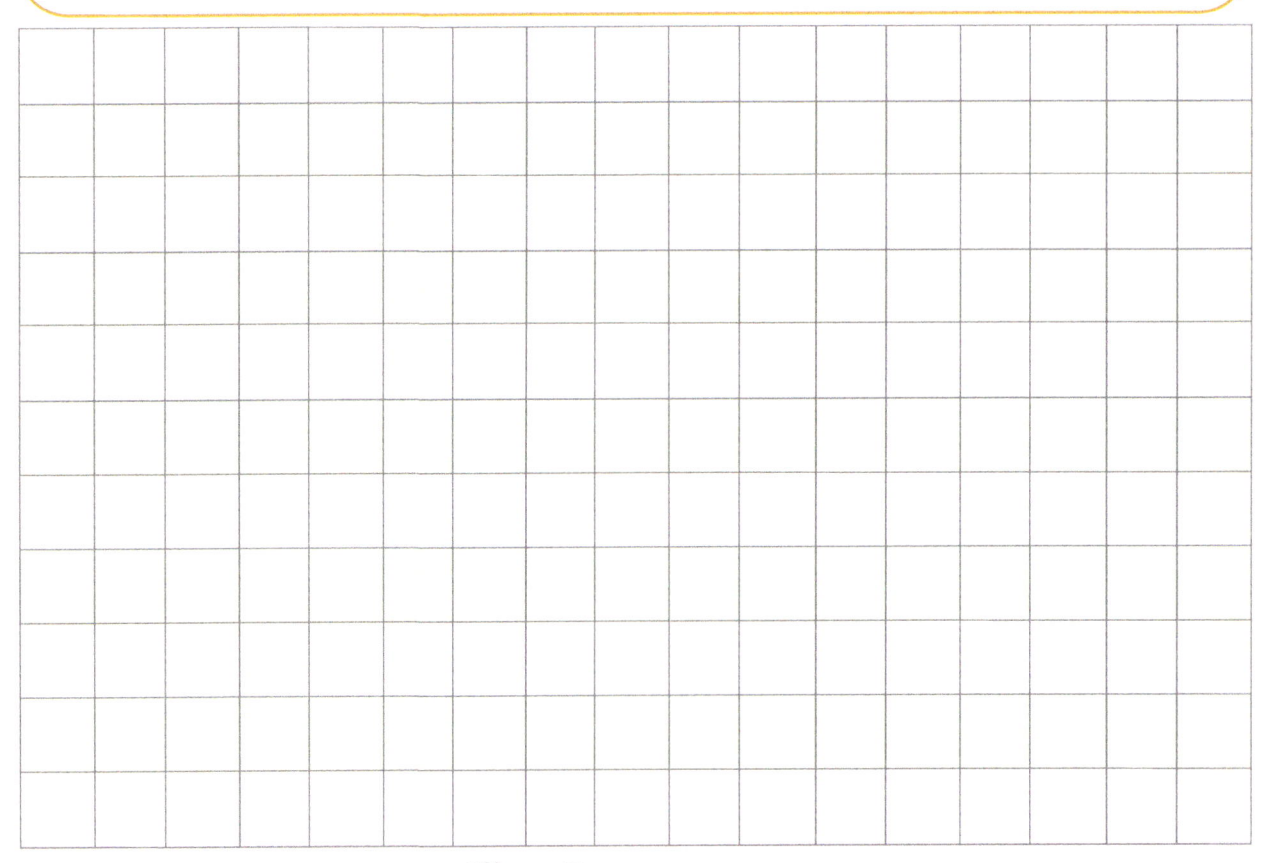

La Numerazione da 11 a 99 e Catene 100-1000

PRESENTAZIONE
QUANTITÀ

Chiediamo al bambino di costruire una piramide con i Bastoncini di Perle Colorate, in ordine crescente da 1 a 9, e di posizionarla in alto a dx del piano di lavoro;
in alto sx, uno sotto l'altro, poniamo nove Bastoncini del dieci.

Prendiamo un Bastoncino del 10, lo isoliamo nella parte bassa del piano di lavoro, e accostiamo la Perla 1 rossa:

"QUESTO È UNDICI, 10 e 1. CONTIAMO INSIEME!"

Proseguiamo.
Avviciniamo il Bastoncino di Perle 2 verde ad una secondo Bastoncino del 10, che posizioniamo sotto l'undici:

"QUESTO È DODICI, 10 e 2. CONTIAMO!"

Infine, stessa procedura per il numero tredici:
poniamo il Bastoncino di Perle 3 rosa accanto ad un terzo Bastoncino del 10, che posizioniamo sotto il dodici:

"QUESTO È TREDICI, 10 e 3!"

Come di consueto, ogni tre numeri presentati, possiamo fermarci ed eseguire un II e III TEMPO.

La Numerazione da 11 a 99 e Catene 100-1000

Andiamo avanti fino al numero 19

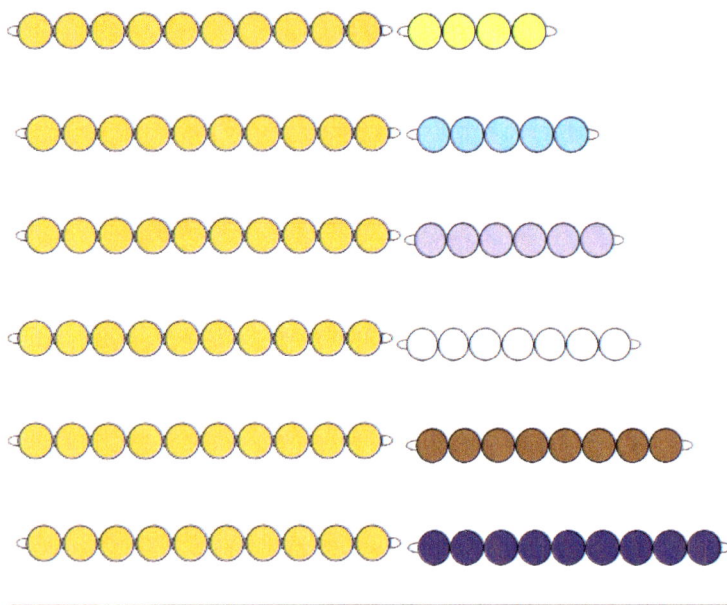

SIMBOLI

Ora, con le tessere della TAVOLA I verifichiamo che il bambino riconosca i simboli, contenuti nelle stesse, con un II e III TEMPO, in modo ludico e creativo.

📌 Disponiamo le tessere, in ordine sparso, sul tavolo in modo che i numeri non si vedano. Invitiamo il bambino a pescare una tessera e a riconoscere il numero.

📌 Chiediamo, al bambino, di mettere le tessere in ordine, con i numeri visibili. Togliamo una tessera. Il bambino deve individuare quale abbiamo eliminato.

Ora, invitiamo il bambino a mettere in ordine le tessere e, al di sotto di esse, posizioniamo la TAVOLA I

Sollecitiamo il bambino a riconoscere i simboli sulle TAVOLA I.

Prendiamo la tessera 1, la poggiamo sopra lo zero del primo dieci

2 3 4 5 6 7 8 9

1**1**	10
10	10
10	10
10	10
10	

Diciamo:

"UNDICI, 10 e 1"

Si va avanti così, per tutti i numeri, fino al numero 19

1**1**	1**6**
1**2**	1**7**
1**3**	1**8**
1**4**	1**9**
15	

Se c'è bisogno ci si può fermare, di tanto in tanto, e procedere con il II e III TEMPO.

A fine lavoro, possiamo spostare e posare, in ordine sparso, le tessere sul piano di lavoro (tavolo/tappeto); invitiamo il bambino a posizionarle sulla TAVOLA I, nella loro giusta collocazione, ricomponendo così i numeri fino a 19.

SCOPO - OBIETTIVO
- Conoscere le Quantità e i Simboli dall'11 al 19
- Comprendere il nostro Sistema numerico a base 10 e le relative scomposizioni del Numero

ETÀ
Dai 5 anni; cl I Scuola Primaria

CONTROLLO DELL'ERRORE
È nel Materiale stesso: nel contare i Bastoncini di Perle Colorate.

> **IMPORTANTE**
> - Scandire bene la nomenclatura del numero
> - Ripetere la sua scomposizione (10 e 1, 10 e 2, ...)
> - Far contare al bambino

Se osserviamo che il bambino ha difficoltà, riprendiamo in un altro momento: il lavoro va svolto con tempi distesi, senza fretta, e deve risultare chiaro e semplice.

La Numerazione da 11 a 99 e Catene 100-1000

APPAIAMENTO QUANTITÀ – SIMBOLI

Posizioniamo la **TAVOLA I** tra i Bastoncini del dieci e i Bastoncini di Perle Colorate; al di sopra di essa, mettiamo le Tessere, una sopra l'altra, in ordine.

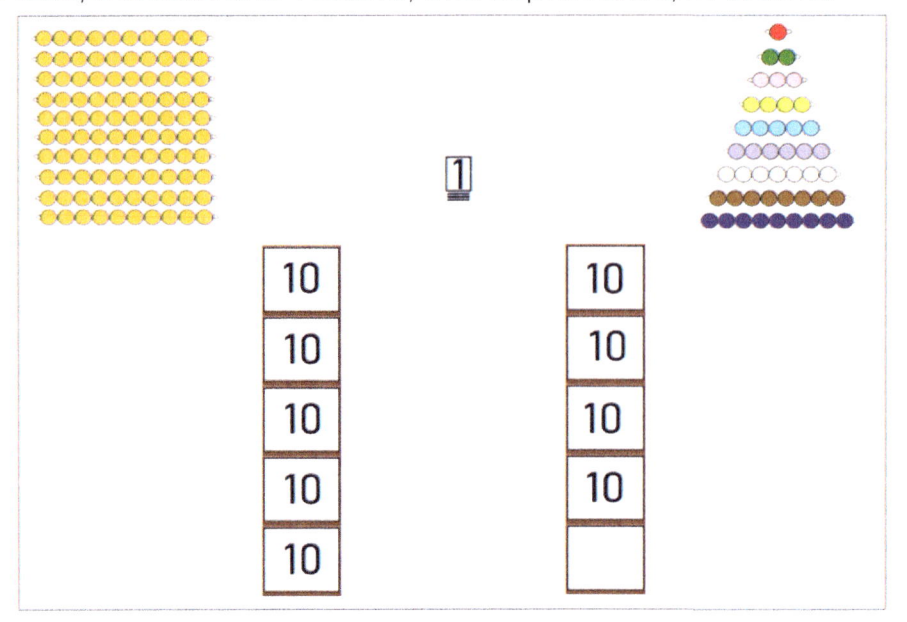

Accanto ad ogni numero 10 poniamo i Bastoncini del dieci

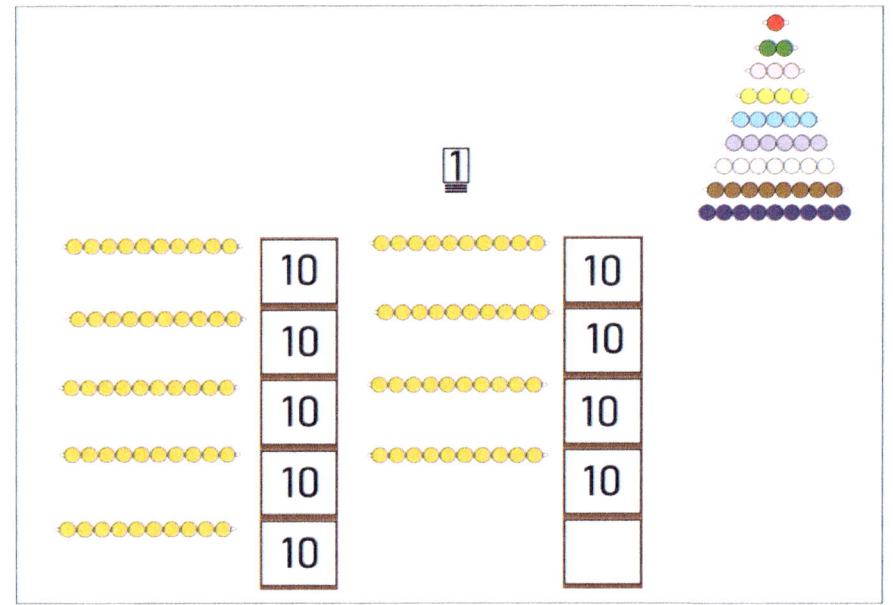

La Numerazione da 11 a 99 e Catene 100-1000

Invitiamo il bambino a prendere la Perla 1 rossa, e a posizionarla sotto la prima decina del Bastoncino del dieci, partendo da sx; contemporaneamente, poggiamo la tessera 1 sopra lo zero del primo 10

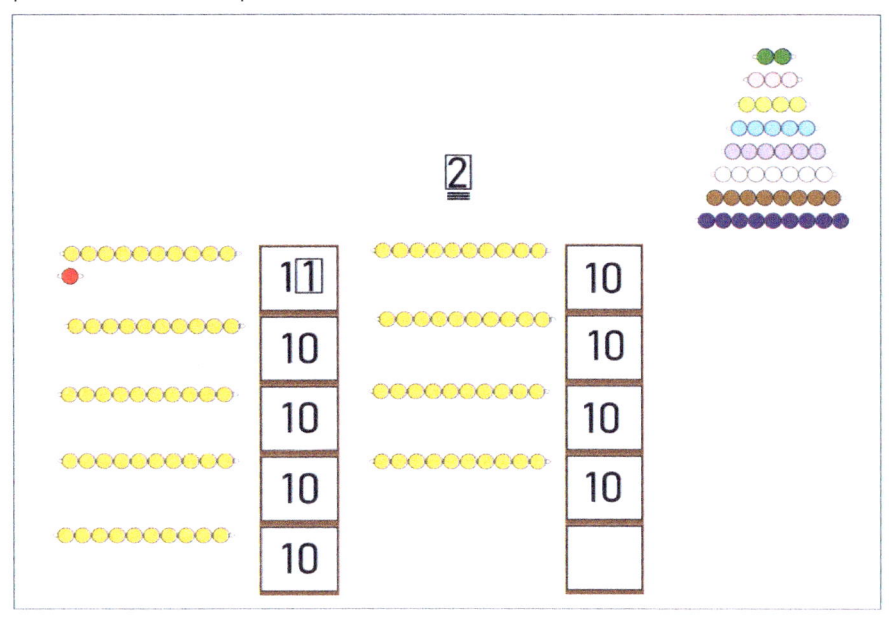

Diciamo:

"UNDICI, 10 e 1"

Chiediamo al bambino di ripetere con noi

> In questo modo il numero 11 è stato rappresentato sia con le QUANTITÀ che con i SIMBOLI

Si procede così, fino ad arrivare a costruire il numero 19

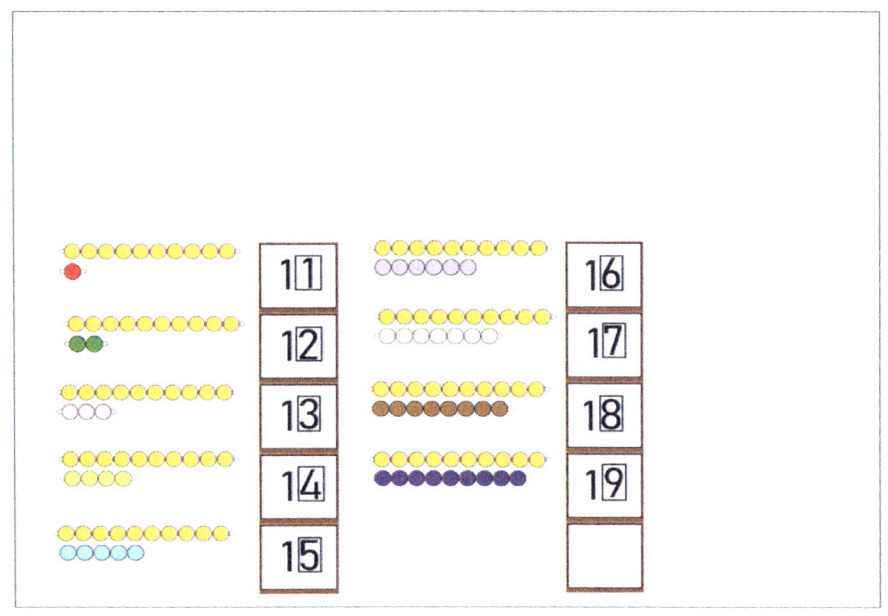

Album Matematica 2

La Numerazione da 11 a 99 e Catene 100-1000

Talvolta, ci fermiamo e proponiamo il II e II TEMPO per verificare le acquisizioni del bambino.

Il bambino può disegnare, sul quaderno o su un cartellone, il lavoro di appaiamento appena svolto.

SCOPO – OBIETTIVO
- Appaiare quantità-simboli dall'11 al 19
- Comprendere il nostro sistema numerico a base 10, e le relative scomposizioni del numero

ETÀ
dai 5 anni; cl I Scuola Primaria

CONTROLLO DELL'ERRORE
Nel materiale stesso: nel contare i Bastoncini del dieci e i Bastoncini di Perle Colorate.

La Numerazione da 11 a 99 e Catene 100-1000

ANALISI DEL NOME

Terminato il Lavoro con la TAVOLA I, e l'appaiamento quantità-simboli da 11 a 19, proponiamo di analizzare il Nome dei numeri.

Per questo lavoro, e per renderlo più intuitivo per il bambino, poniamo le due Tavole una sotto l'altra. Prepariamo i due alfabetari piccoli: uno con le lettere blu, l'altro con le lettere rosse. Contiamo, ponendo l'accento sulla parola DICI (comune a tutti i numeri da 11 a 19). Prendiamo le lettere rosse e componiamo, un po' centrale, la parola DICI accanto al lavoro, per ogni numero. Poi, completiamo con le lettere blu le parole restanti dei numeri, sempre ripetendole, in modo chiaro e marcato.

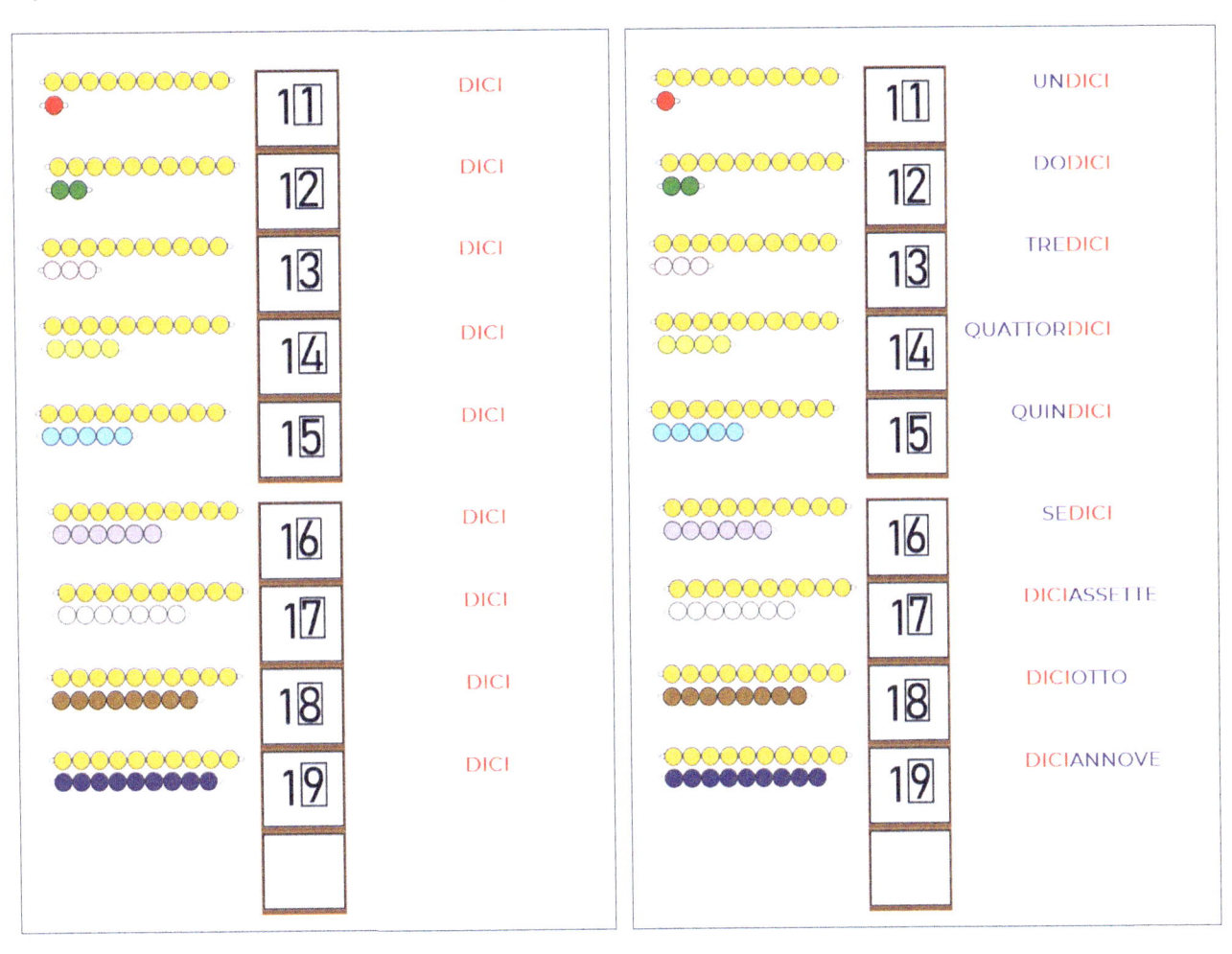

11	DICI	UNDICI
12	DICI	DODICI
13	DICI	TREDICI
14	DICI	QUATTORDICI
15	DICI	QUINDICI
16	DICI	SEDICI
17	DICI	DICIASSETTE
18	DICI	DICIOTTO
19	DICI	DICIANNOVE

Album Matematica 2

Ora, facciamo notare che:

DICI	significa	**DIECI**
UN	ricorda	**UNO**
DO	ricorda	**DUE**
TRE	è uguale a	**TRE**
QUATTOR	è uguale a	**QUATTRO**, ma ha le ultime due lettere invertite
QUIN	ricorda	**CINQUE** in numero ordinale
SE	ricorda	**SEI**
ASSETTE	è uguale a	**SETTE**, ma è preceduto da **AS**
OTTO	è uguale a	**OTTO**
ANNOVE	è uguale a	**NOVE** ma è preceduto da **AN**

Rileggiamo tutti i numeri, sollecitiamo il bambino a farlo insieme a noi.

Il bambino può riprodurre, sul quaderno o sul cartellone, questo lavoro.

SCOPO-OBIETTIVO

- Abbinare la nomenclatura scritta dei numeri da 11 a 19
- Memorizzare i termini
- Approccio alle ADDIZIONI entro il 19
- Approccio alle:
    - Parole composte
    - Prefissi
    - Suffissi

ALTRI ESERCIZI

Un esercizio da svolgere, simile ai precedenti, è lasciare fissa una decina e inserire, via via, le unità sotto ad essa, sia in simboli che in quantità.
Il Materiale con cui si può svolgere questo lavoro:

- per formare le quantità, Bastoncino di Perle dorate del dieci, Bastoncini di Perle Colorate e Aste della Numerazione;
- per formare i simboli, Cartelli dei Numeri dall'1 al 10 dei Gettoni.

Per le quantità, lasciamo fissa l'Asta 10 della Numerazione o il Bastoncino di Perle dorate del dieci. Via via, al di sotto, poniamo le Aste della Numerazione o i Bastoncini di Perle Colorate (1-9).
Per i simboli, i Cartelli dei Numeri sono sovrapponibili: il 10 rimane fisso e, sullo spazio dello 0, vengono sostituite le unità da 1 a 9.
Ogni volta che si forma una nuova quantità, c'è la corrispondente formazione del numero-simbolo, mediante la sostituzione della seconda cifra. Si prosegue effettuando tanto la sostituzione di quantità e simboli, quanto l'unione fra essi.
Si continua, così, lavorando, contemporaneamente, con le quantità e i simboli, fino a comporre il numero 19.

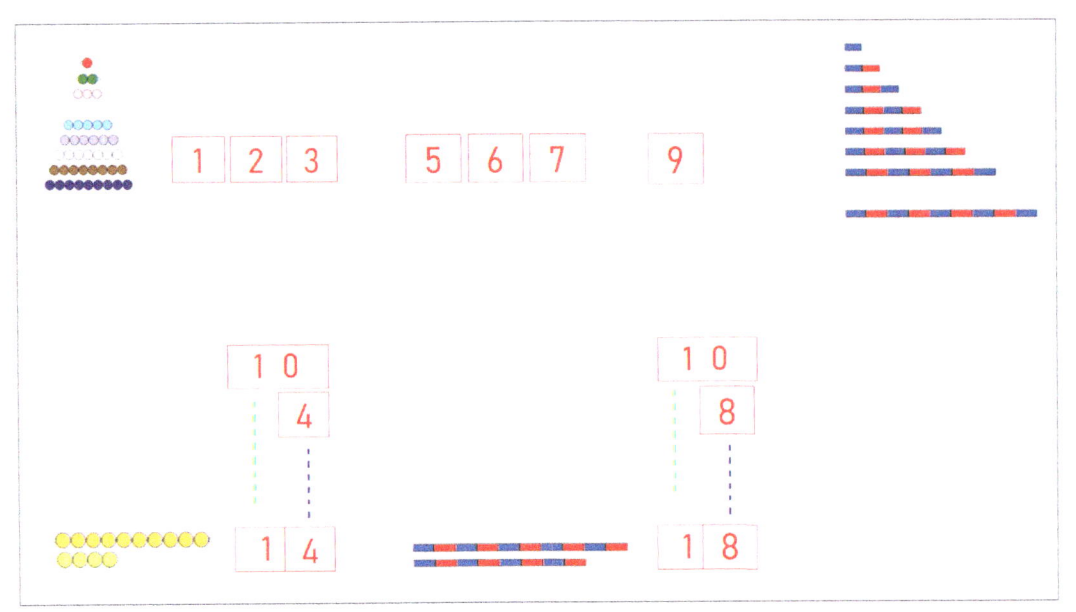

Giunti a questo punto, non possiamo continuare perché il Bastoncino di Perle Colorate o l'Asta della Numerazione, che segue il 9, forma una nuova decina, che si colloca vicino alla prima. Ciò vale anche per i Cartelli dei simboli.
Tutti gli esercizi svolti, fino a questo momento, hanno rafforzato il concetto-chiave del Sistema Decimale, che si basa sul passaggio dal 9 al 10.
Dopo il 9 il ponte è stato superato: ha inizio una nuova decina!

NUMERAZIONE da 11 a 99:

TAVOLA II di SÉGUIN

MATERIALE

La TAVOLA II è composta da:

- nove sezioni, all'interno di ognuna sono scritti i numeri da 10 a 90 in simbolo;
- Tessere da 1 a 9 per la numerazione da 11 a 99
  (dietro le tessere possiamo porre della gomma adesiva removibile)

Per lavorare con la TAVOLA II abbiamo bisogno, inoltre, di 3 scatoline che contengono il Materiale del Sistema Decimale:

- scatolina 1 - contiene 10 Perle Dorate (unità) sciolte;
- scatolina 2 - contiene 9 Bastoncini di Perle Dorate (decine);
- scatolina 3 - contiene 45 Bastoncini di Perle Dorate (decine).

Questo lavoro viene svolto in due modi, per raggiungere due scopi-obiettivi diversi, ma con lo stesso Materiale. Proseguiamo, pertanto, il lavoro di conoscenza dei numeri fino a 99!

PRIMO MODO

Il Materiale che occorre per svolgere questo lavoro è la TAVOLA II e la scatolina 3 che contiene i 45 Bastoncini di Perle Dorate (decine). La posizioniamo in alto a dx o, comunque, in una posizione che non sia di impaccio ai movimenti.

I TEMPO – ASSOCIAZIONE

Prendiamo una decina (Bastoncino di Perle Dorate), la poggiamo vicino al numero 10 e, indicando, prima il numero sulla TAVOLA II e, poi, il Bastoncino, diciamo:
"DIECI … UN DIECI"

Prendiamo due decine, le poggiamo vicino al numero 20 e, indicando, prima il numero sulla TAVOLA II e, poi, i Bastoncini, continuiamo:
"VENTI … DUE DIECI"

Prendiamo tre decine, le poggiamo vicino al numero 30 e, indicando, prima il numero sulla Tavola II e, poi, i Bastoncini:
"TRENTA … TRE DIECI"

Ritorniamo su e, indicando, prima i Bastoncini e, poi, il numero sulla TAVOLA II:
"UN DIECI … DIECI
DUE DIECI … VENTI
TRE DIECI … TRENTA"

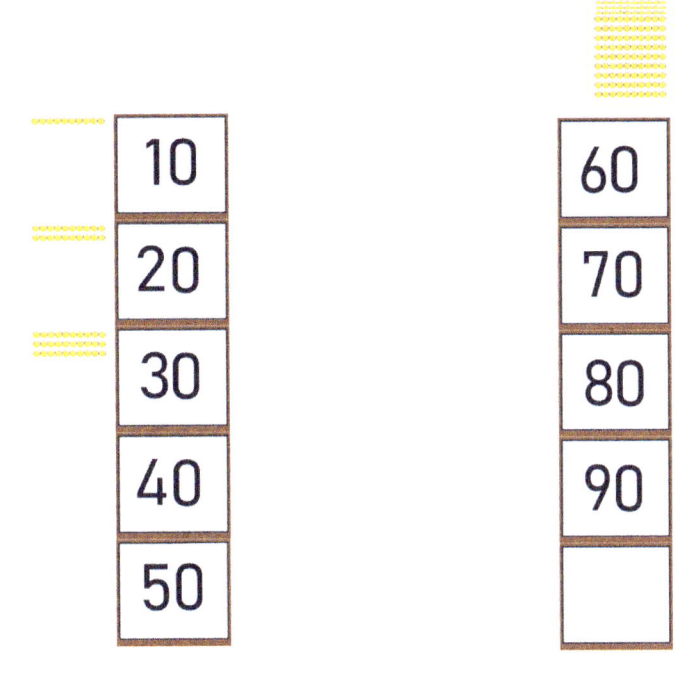

La Numerazione da 11 a 99 e Catene 100-1000

Ogni tre decine ci fermiamo e svolgiamo un II e III TEMPO.

II TEMPO – RICONOSCIMENTO
"MI INDICHI ...?"

III TEMPO – VERIFICA – MEMORIZZAZIONE
"MI PRENDI ...?" – COME SI CHIAMA ...?"

Proseguiamo fino ad arrivare al numero 90.

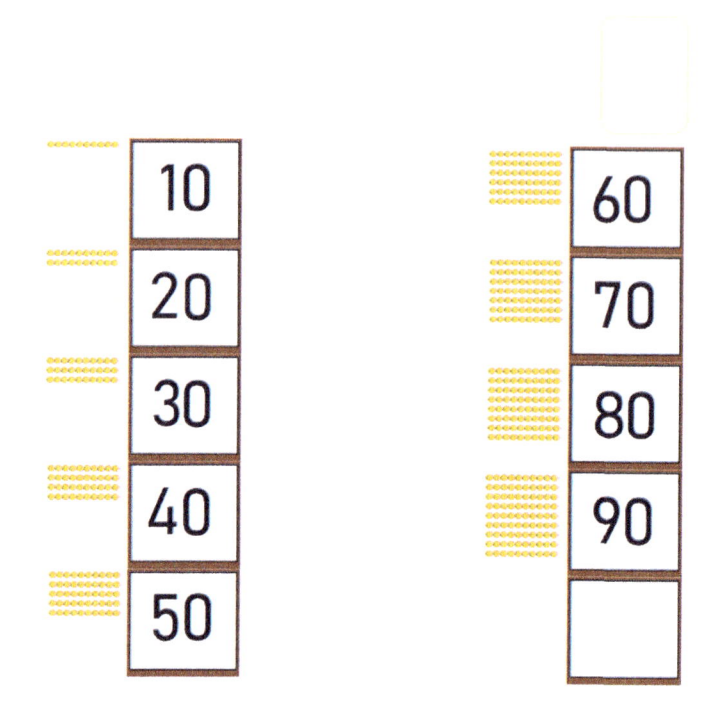

(chiediamo, sempre e in modo alternato, simbolo e quantità).

SCOPO-OBIETTIVO
- Superare le difficoltà e dare il giusto nome alle decine.

La Numerazione da 11 a 99 e Catene 100-1000

SECONDO MODO

Il Materiale che occorre per svolgere questo lavoro è la TAVOLA II, le Tessere da 1 a 9, la scatolina 1 e la scatolina 2 che contengono le 10 Perle Dorate (unità) sciolte e i 9 Bastoncini di Perle Dorate (decine). Le posizioniamo in alto a dx o, comunque, in una posizione che non sia di impaccio ai movimenti.

Prima di avviare il lavoro, eseguiamo un II e III TEMPO
(Riconoscimento – Verifica e Memorizzazione)

"MI DAI ...?"

"MI PRENDI ...?" "COME SI CHIAMA QUESTO?"

Solo quando il bambino si è appropriato della conoscenza dei numeri fino a 9, e della relativa quantità, procediamo con il lavoro.

La Numerazione da 11 a 99 e Catene 100-1000

Disponiamo accanto al 10 (simbolo) un Bastoncino dorato (quantità).
Prendiamo la Tessera 1 e la poggiamo sullo zero, coprendolo, e diciamo:

"UNDICI ... DIECI e UNO ... DIECI PIÙ UNO"

Invitiamo il bambino a mettere una Perla dorata sotto al Bastoncino 10, partendo da sx, e lo stimoliamo sempre a ripetere, ad alta voce, quello che noi abbiamo appena detto: *"Undici"*. Così da unire, sempre, al movimento (azione) la parola.

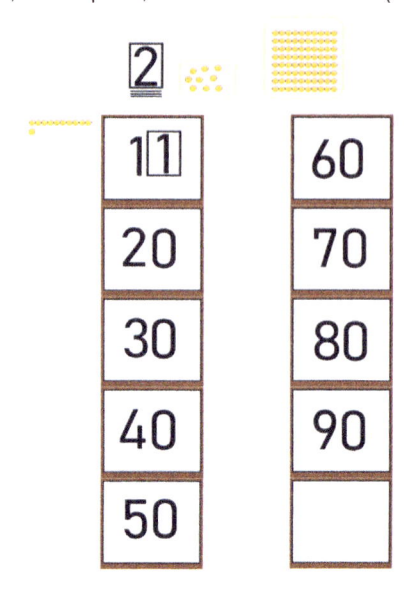

Togliamo la Tessera 1 e la poggiamo accanto alle altre tessere, capovolta, così da non confondere il bambino.
Prendiamo la Tessera 2, la poggiamo sullo zero, coprendolo, e diciamo:

"DODICI ... DIECI e DUE ... DIECI PIÙ DUE"

Il bambino prende un'altra Perla dorata, la poggia accanto alla prima, e ripete: *"Dodici"*

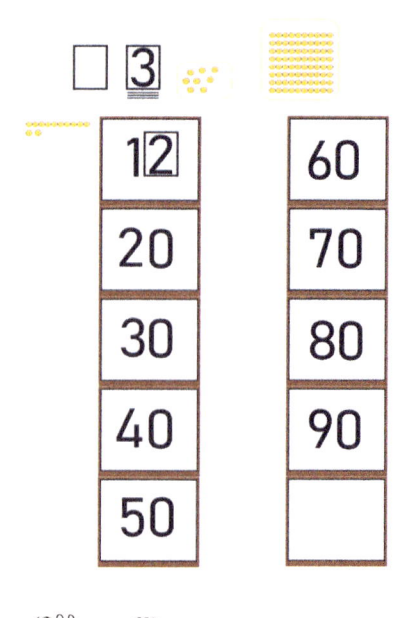

Album Matematica 2

27

Continuiamo, così, fino al numero 19:
noi mettiamo la tessera, il bambino aggiunge le Perle (unità) sciolte.
A questo punto, le Tessere sono finite, ma rimane una Perla dorata, che il bambino aggiunge alle altre per formare il numero 20.

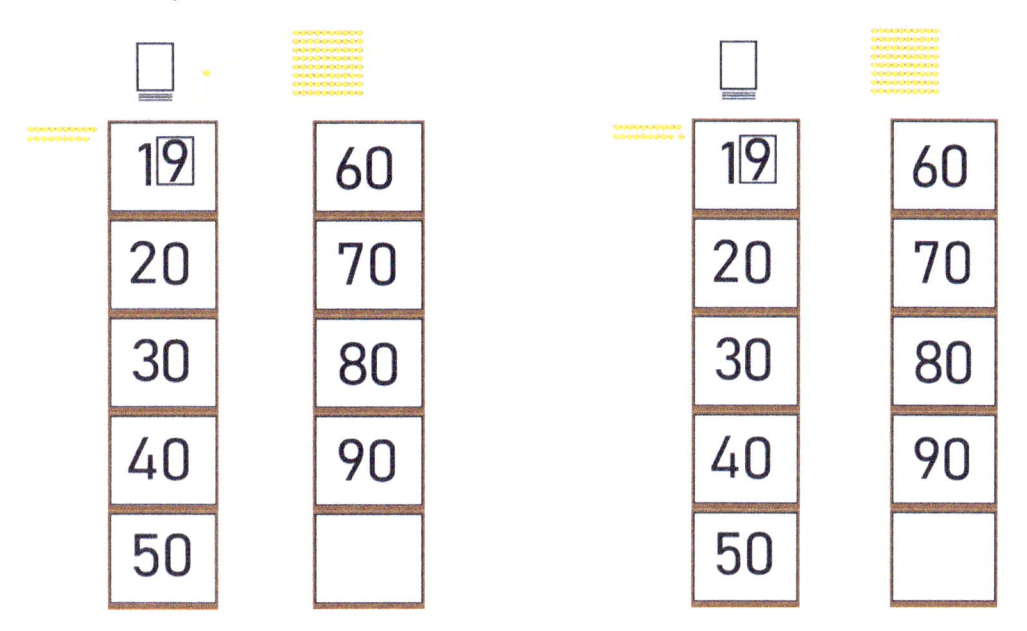

Ricordiamo che dieci Perle dorate sciolte si uniscono per formare una nuova decina: il Bastoncino del dieci! Invitiamo il bambino a sostituire le dieci Perle (unità) sciolte con un Bastoncino del dieci e, rimettiamo nella ciotola le dieci Perle (unità).
Togliamo la Tessera 9 e facciamo scendere i due Bastoncini del dieci verso il simbolo 20.

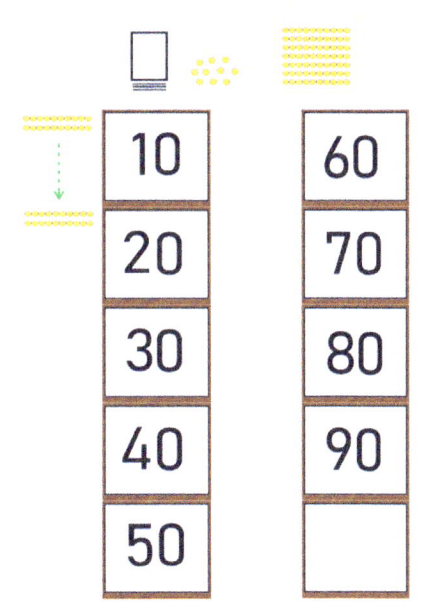

Si ripete il lavoro, formando i numeri da 21 a 29.

La Numerazione da 11 a 99 e Catene 100-1000

Arrivati al numero 29, le Tessere sono finite, ma rimane una Perla dorata, che il bambino aggiunge alle altre per formare il numero 30.

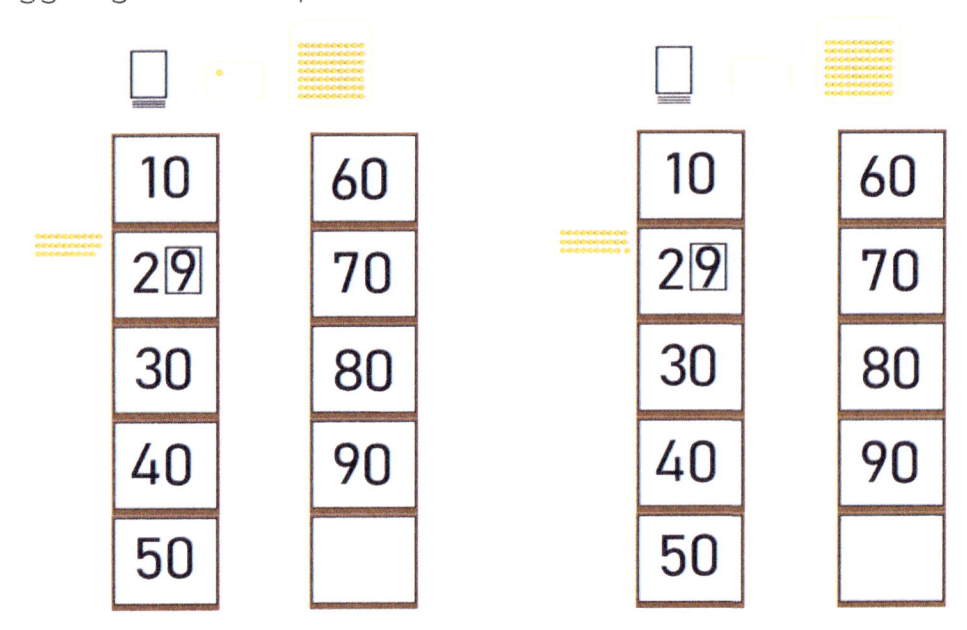

Lo aiutiamo a ricordare che dieci Perle sciolte si uniscono per formare una nuova decina: il Bastoncino del dieci! Invitiamo il bambino a sostituire le dieci Perle (unità) sciolte con un Bastoncino del dieci, e facciamo scendere le tre decine in corrispondenza del riquadro del numero 30 (simbolo)

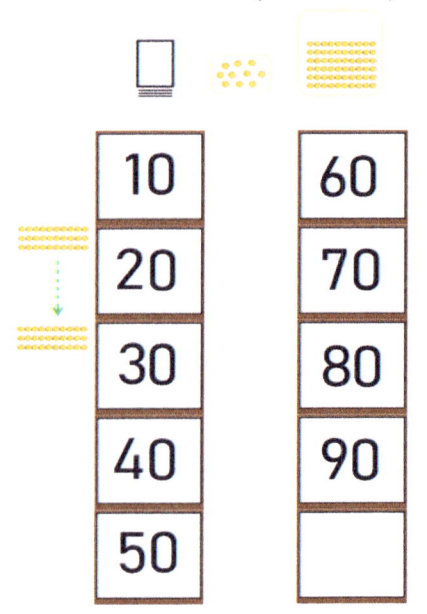

In questo modo vengono formati i numeri fino a 99!

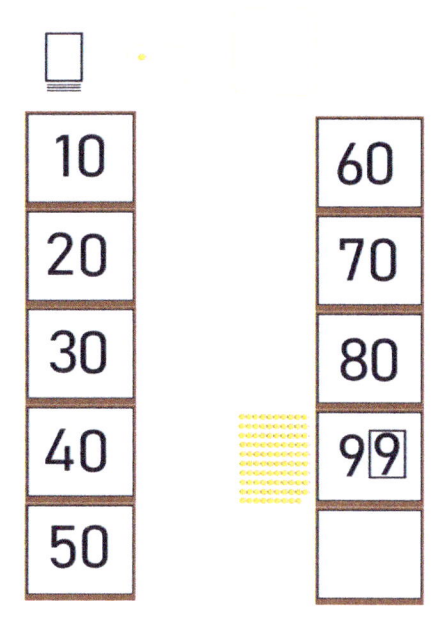

SCOPO – OBIETTIVO

- Imparare:
    - Il nome dei numeri
    - La quantità corrispondente ad ogni numero
    - Contare

- Approfondire la conoscenza del Sistema Decimale, fornendo una chiave che può far avanzare, il bambino, all'infinito.

CONTROLLO DELL'ERRORE

Nel Materiale stesso

ETÀ

Dai 5 anni; cl I Scuola Primaria

5. NOTA METODOLOGICA

Finora il Bambino ha

- scritto   • contato   • associato

le quantità e i simboli, nella numerazione fino a 99!

Quell'unità 1 che manca è una chiave importante: anche ora è *uno*, come uno, precedentemente, ci ha permesso di passare da una decina all'altra. Adesso ci fa giungere ad una nuova gerarchia che richiede uno spazio maggiore per essere scritta: è il *passaggio* dalle DECINE alle CENTINAIA!

Le decine che si susseguono, una all'altra, sono le guide.

Le parole per scriverle sono tutte differenti tra loro:
venti, trenta, quaranta, cinquanta, sessanta, settanta, ottanta, novanta.

Ma, i punti di passaggio da una decina alla successiva – ad eccezione di quelli tra le prime due decine, che hanno richiesto uno studio a parte – sono l'unione delle nove unità con ciascuna decina.

> *Vent-uno, venti-due, venti-tre, venti-quattro, venti-cinque, ecc.;*
> *trent-uno, trenta- due, trenta-tre, trenta-quattro, trenta-cinque, ecc.:*
> è un'autentica addizione di parole!

Gli esercizi descritti, e svolti fino adesso, chiariscono e facilitano la comprensione del Sistema Decimale. Il meccanismo del contare, che deve essere eseguito sulla base del grande quadro di quest'ultimo, è stato mostrato in precedenza: è il meccanismo da 1 a 9 che bisogna apprendere, dopodiché non c'è altro che ripeterlo!
È il passaggio, il ponte, che collega un gruppo all'altro.

Gli ordini gerarchici, che rappresentano il fondamento e la guida della numerazione, devono essere, dunque, studiati prima dell'attività del numerare.
Procedendo in questo modo, il contare diventa un'operazione semplice, e non ci si può confondere. Compreso il meccanismo del sistema di numerazione nel suo insieme, inclusi i "ponti di passaggio" abbiamo l'impressione di *"assistere all'avanzata di un esercito disciplinato in una pianura illuminata dal sole"*.
(M. Montessori, *Psicoaritmetica*, pag. 33)

6. NUMERAZIONE Progressiva

SCOMPOSIZIONE LINEARE del QUADRATO:

LA CATENA DEL CENTO

(In senso Geometrico, che si sviluppa e procede secondo una Linea: la Catena).

Per il bambino, diventa interessante contare secondo la serie naturale dei numeri perché ha conosciuto e compreso il principio-base del Sistema Decimale:
dieci unità di un ordine formano una unità di ordine immediatamente superiore!
Punto fondamentale per la costruzione delle gerarchie è l'unità che guida gli ordini del Sistema Decimale:

UNO	unità di I ordine	●	Perla dell'UNITÀ
DIECI	unità di II ordine	●●●●●●●●●●	Bastoncino di Perle Dorate
CENTO	unità di III ordine	(quadrato 10×10)	Quadrato costruito con 10 Bastoncini di Perle Dorate
MILLE	unità di IV ordine	(cubo 10×10×10)	Cubo costruito con 10 Quadrati di Perle Dorate

La Catena del Cento è composta da dieci Bastoncini del dieci (decine), legati tra loro con anelli a formare una Catena. Si utilizza dopo che il bambino ha lavorato, a lungo, con i Materiali del I Piano della Numerazione (**Album Matematica 1 – Percorso di ispirazione montessoriana**), e ha cominciato a lavorare con quelli che fanno parte del II Piano della Numerazione (Sistema Decimale, TAVOLE di Séguin).

La Numerazione da 11 a 99 e Catene 100-1000

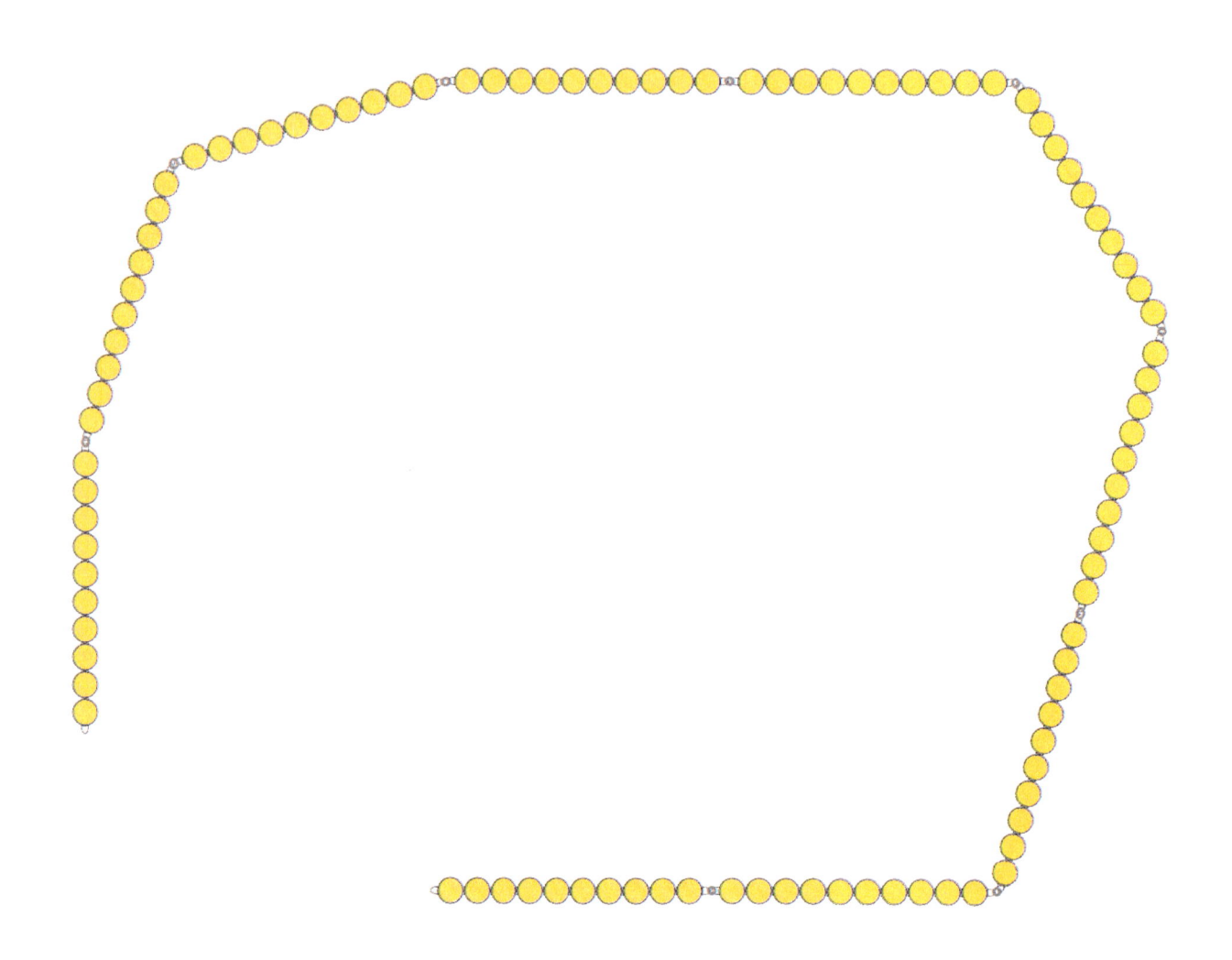

"Se, invece di tenere le decine unite in quadrato, le sleghiamo, mantenendole unite solo per le estremità, otterremo una Catena di cento perle unite in decine, ossia in bastoncini di perle dorate che si susseguono. La Catena del cento impressiona per la sua lunghezza, più di quanto non faccia il quadrato per la sua superficie. La catena rappresenta il cammino delle unità che, attraverso le decine, vanno a formare il centinaio".
(M. Montessori, *Psicoaritmetica*)

ATTIVITÀ

MATERIALE

Catena del Cento

10 Bastoncini di Perle Dorate (decine)

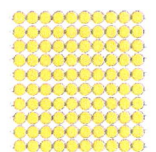

1 Quadrato di Perle Dorate (centinaia)

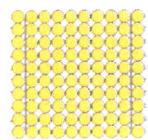

9 frecce piccole verdi (UNITÀ 1-9)

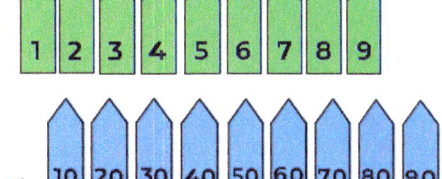

9 frecce medie blu (DECINE 10-90)

1 freccia grande rossa (CENTINAIO 100)

- Frecce bianche su cui sono scritti i numeri da 1 a 100 con i colori gerarchici.

Insieme al bambino, ci rechiamo verso l'*Angolo della Matematica* in cui si trova la Catena del Cento, posta vicino alla Banca del Sistema Decimale
(Album Matematica 2 – Il Sistema Decimale).
Qui, noi affianchiamo un Bastoncino del dieci al primo Bastoncino della Catena ed esortiamo, il bambino, a osservare che sono uguali (equivalenti); iniziamo a contare quante volte viene ripetuto il Bastoncino del dieci, lungo la catena.
Contiamo insieme:

"un DIECI, due DIECI, tre DIECI … dieci DIECI ……ecco CENTO!"

Chiediamo al bambino se ha voglia di lavorare con la Catena del Cento.

Quindi, sempre insieme, prendiamo tutto il Materiale che occorre per la presentazione e lo portiamo sul tavolo di lavoro:
- Vassoio con 10 Bastoncini del dieci (decine) e il Quadrato del cento
- 1 bustina/scatolina rossa contenente le frecce colorate
- 1 bustina/scatolina bianca contenente le 100 frecce bianche

I TEMPO

Prendiamo la Catena del Cento, la portiamo sul tavolo, la raccogliamo e la posizioniamo a sx, in forma di Quadrato

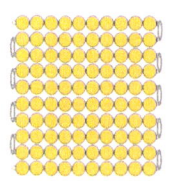

Prendiamo, ora, dal vassoio il Quadrato del Cento, che il bambino già conosce (**Album Matematica 2 – Il Sistema Decimale**) e lo posiamo sul tavolo/tappetino, accanto alla Catena del Cento, raccolta; prendiamo, uno per volta, i 10 Bastoncini del dieci e li posizioniamo, via via, sotto al Quadrato, contando insieme al bambino fino a cento.

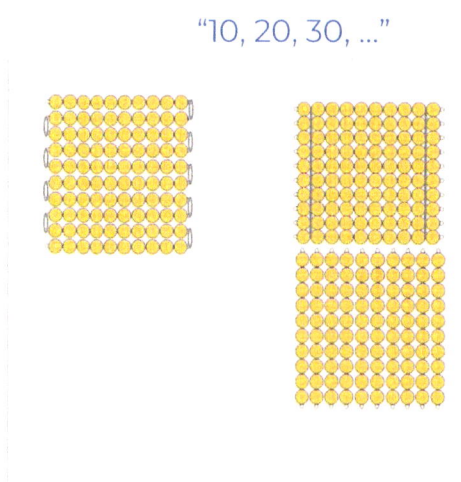

"10, 20, 30, ..."

Prendiamo il Quadrato lo sovrapponiamo ai Bastoncini e facciamo osservare, al bambino, la similitudine:

"SONO UGUALI, SONO PROPRIO 100!"

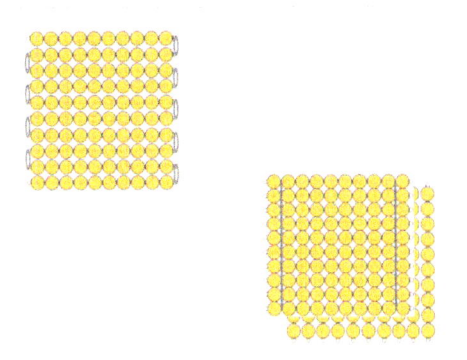

Infine, sovrapponiamo il Quadrato del Cento alla Catena del Cento; disponiamo i 10 Bastoncini del dieci, uno per volta, sotto la Catena del Cento. Contiamo:

"10, 20, 30, ..."

Quando abbiamo terminato, facciamo osservare al bambino un'altra similitudine:

"SONO UGUALI, SONO PROPRIO 100; SONO SEMPRE 100 PERLE!"

"OSSERVA! È PROPRIO UN QUADRATO!"

(indicando i Bastoncini, il Quadrato, la Catena)

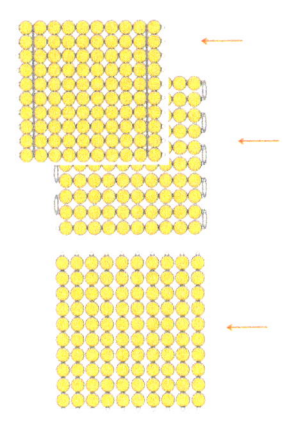

La Numerazione da 11 a 99 e Catene 100-1000

Adesso, spostiamo il Quadrato e i Bastoncini, in alto a dx.
Prendiamo i due estremi della Catena e li tiriamo lentamente, srotolandola

*"GUARDA QUANTA STRADA HA FATTO LA PERLA DORATA!
QUESTA LUNGA CATENA È SEMPRE 100!"*

Insieme al bambino verifichiamo mettendo, ad uno ad uno, i Bastoncini delle decine sotto ad ogni decina della Catena del cento.

Invitiamo, poi, il bambino a contare la Catena del cento, una Perla per volta.
Prendiamo le Frecce colorate dalla bustina/scatolina rossa e le sistemiamo sul piano, divise per Gerarchia. Indichiamo la prima Perla:

"QUESTA PERLA SI CHIAMA UNO"

Posizioniamo la freccia verde con il numero "1":
Contando, insieme al bambino, sistemiamo le frecce piccole verdi dall'1 al 9 della prima decina (la punta della freccia deve indicare la Perla).
Quando arriviamo alla Perla 10 posizioniamo la freccia media blu 10.
Invitiamo, adesso, il bambino a contare le Perle da 11 a 20, senza mettere le frecce "11, 12, 13, 14 ... 19, 20".
Arrivati a 20 cerchiamo, insieme al bambino, la freccia blu 20 e la posizionano in corrispondenza della Perla 20. Si procede, così, contando e sistemando le frecce delle decine fino a posizionare la freccia blu 90. Infine, dopo aver contato le unità da 91 a 99, posizioniamo la freccia grande rossa 100 in corrispondenza della Perla 100.

Al termine della Catena mettiamo, accanto, anche il Quadrato del Cento in modo da avere simbolo e quantità.

La Numerazione da 11 a 99 e Catene 100-1000

II TEMPO

Togliamo le frecce, le mescoliamo, ne prendiamo una a caso e chiediamo al bambino di posizionarla in corrispondenza della Perla.
Il bambino conta e mette la freccia sotto la Perla individuata.

📌 Possiamo continuare a far esercitare, il bambino, nel riconoscimento delle Perle da 1 a 100.

III TEMPO

Tocchiamo una Perla a caso, chiediamo al bambino
"COME SI CHIAMA QUESTA PERLA?"
Il bambino conta e nomina la Perla
(in questo caso, la Catena deve avere le frecce delle unità, decine e centinaia posizionate in corrispondenza delle Perle)

NOTA

Nel lavoro di ricerca è preferibile cominciare con numeri piccoli, poi, continuare aumentando, progressivamente, la difficoltà.

ALTRE ATTIVITÀ CON LA CATENA DEL CENTO

📌 Utilizziamo le Frecce Bianche.
Ne prendiamo una, a caso; chiediamo al bambino di leggere il numero e di posizionarlo in corrispondenza della Perla della Catena.
Continuiamo fino a che il bambino mostra interesse e motivazione.

📌 Il bambino può disegnare la Striscia della Catena:
disegna, su un foglio, il lavoro svolto con la Catena, le Frecce colorate, il Quadrato.

📌 Il bambino può ricostruire tutto il lavoro con i cartoncini. Forniamo:
le matrici che si trovano in questo file
(Frecce colorate e bianche, nella sezione **Materiali**)
le matrici che si trovano nel libro **Album Matematica 2 – Il Sistema Decimale**
(Bastoncini dorati del dieci, Quadrato del Cento, nella sezione **Materiali**)

SCOPO-OBIETTIVO
- Contare da 1 a 100
- Contare per 10
- Intuizione delle potenze
- Equivalenza fra le figure

CONTROLLO dell'ERRORE
È dato dall'adulto con cui lavora il bambino

ETÀ
Dai 5 anni; cl I Scuola Primaria

SCOMPOSIZIONE LINEARE del CUBO:
LA CATENA DEL MILLE

È una Catena formata da mille Perle suddivise in cento Bastoncini dorati del dieci.

Il Cubo del Mille può essere scomposto in:

10 Quadrati, ciascuno di essi in

10 Bastoncini dorati del dieci, ciascuno di essi in

10 Perle dorate

Unendo i cento Bastoncini dorati del dieci, per le estremità, otteniamo una Catena lunghissima in cui è possibile "vedere" e "toccare" concretamente la Quantità-Migliaio, in modo più chiaro e definito rispetto al Cubo del Mille. Inoltre, se poniamo la Catena del Mille accanto alla Catena del Cento possiamo osservare, chiaramente, la differenza fra cubo e quadrato.

> Prendendo in mano il Cubo del Mille è possibile "sentire" la sua "pesantezza", perché è un numero grande, rispetto a
> - la Perla
> - il Bastoncino
> - il Quadrato
>
> altri Cubi che, successivamente, verranno formati con i numeri

La reazione sorprendente del bambino, davanti a questo Materiale, è evidente e la possiamo verificare con la sua costanza nel contare con precisione, in modo curato e attento, Perla dopo Perla, unità dopo unità. Il bambino è interessato e incuriosito da questa successione, visibile e concreta, di decine e centinaia e dalla somma di unità che si susseguono l'una all'altra. Conta ... conta ... conta, senza mostrare stanchezza e fatica, facendo scorrere tra le dita Perla dopo Perla: 1, 2, 3, ...45, 46, 47, ... 250, 251, 252, ... fino a 999, 1000!

Insieme al bambino andiamo verso l'*Angolo della Matematica*, dove è posta la Catena del Mille.

(Essa, può essere appesa ad un supporto, insieme alla Catena del Cento;
oppure, può essere posta anche su un piano, sempre insieme alla Catena del cento)

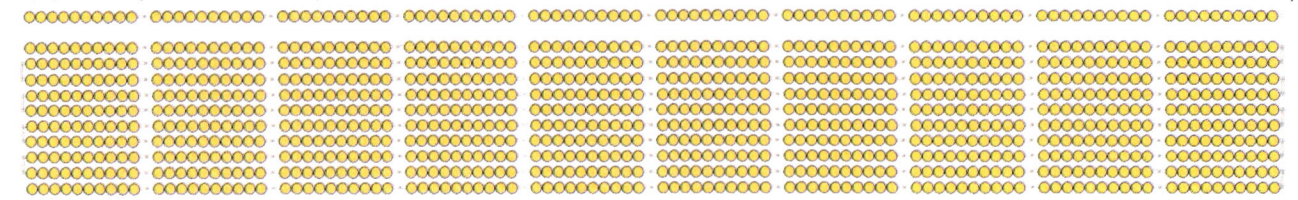

Chiediamo al bambino di portare con sé un Bastoncino del dieci e un Quadrato del cento

- Sovrapponiamo il Bastoncino del dieci alla prima decina della Catena e, coinvolgendo il bambino, cominciamo a contare (10, 20, 30 ... 100), dall'alto in basso, in senso verticale. "Scopriamo", così, che dieci decine sono uguali a un cento: prendiamo il Quadrato del cento e lo sovrapponiamo.

- Proseguiamo col Quadrato del cento.
  Contiamo (100, 200, 300, ... 1000), da sx verso dx, in senso orizzontale, e sempre coinvolgendo il bambino. Giunti al termine, facciamo osservare che "dieci cento fa mille!"

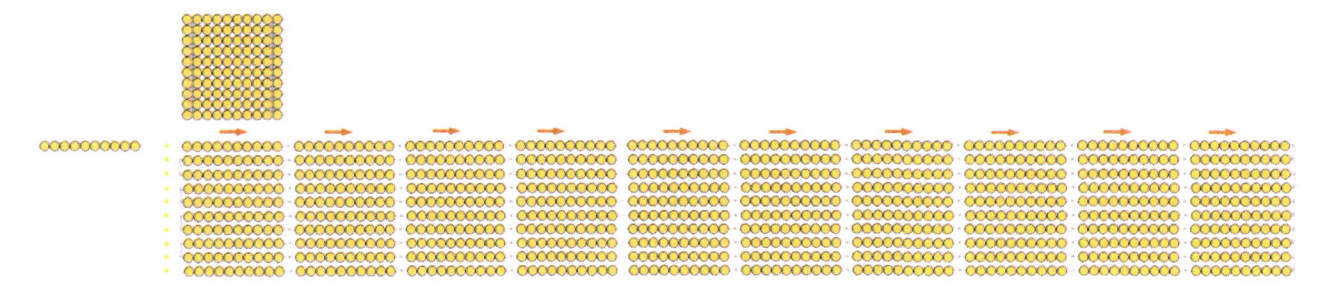

Materiale

Insieme al bambino, disponiamo su un vassoio:
- Catena del mille
- Cubo del mille
- 1 Bastoncino dorato del dieci
- 10 Quadrati del cento
- Catena del cento

Busta/scatolina verde con
- 9 Frecce verdi con i numeri da 1 a 9 (unità)
- 9 Frecce blu con i numeri da 10 a 90 (decine)
- 9 Frecce rosse con i numeri da 100 a 900 (centinaia)
- 1 Freccia verde con il numero 1000 (migliaia)
- 81 Frecce bianche con i colori gerarchici/nero
  (per i passaggi intermedi: 120, 130, ...250, 260, ...990)

La Numerazione da 11 a 99 e Catene 100-1000

ATTIVITÀ

Poggiamo sul tavolo/tappeto la Catena del mille e riproponiamo il lavoro svolto, in precedenza, col Bastoncino del dieci e il Quadrato del cento.
Utilizzando i restanti Quadrati del cento, contiamo col bambino

"100, 200, 300, ... 1000"

Sovrapponendoli prima, e poggiandoli dopo, al di sopra di essa, così da confrontare le lunghezze uguali

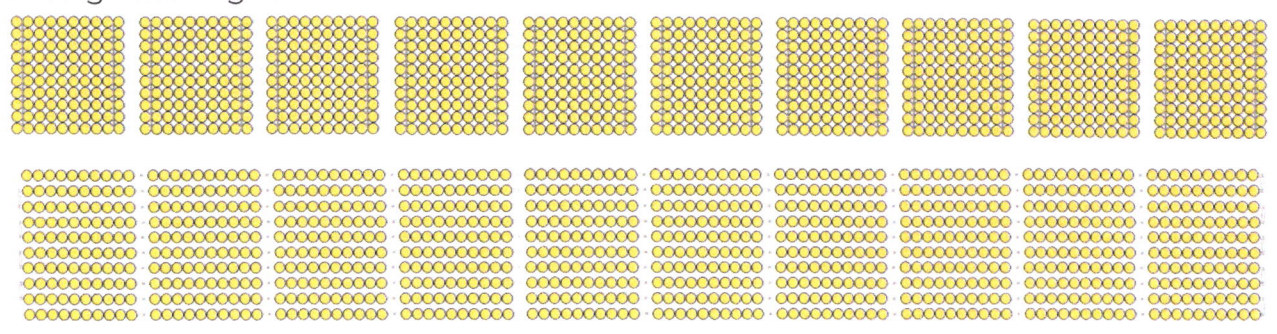

Ora, sovrapponiamo, uno sull'altro, i Quadrati del cento, così che il bambino possa osservare e confrontare che, questi, sono uguali al Cubo del mille

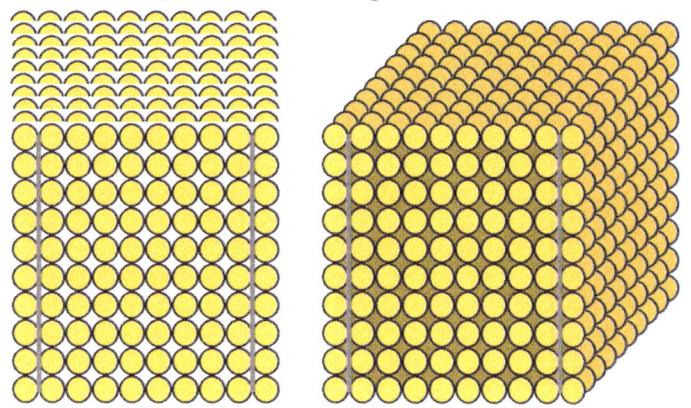

Insieme al bambino, prendiamo le due estremità della Catena del mille e le tiriamo, uno va verso sx, l'altro va verso dx, camminando. Il bambino può osservare, in modo concreto, quanto è lunga, quanta strada, ancor più, ha dovuto "percorrere" la Perla dorata 1 (unità semplice). Inseriamo tutte le Frecce corrispondenti alle Perle dorate. Ogni cento Perle dorate, posizioniamo, al di sopra di esse, un Quadrato del cento. Giunti a mille, posizioniamo Freccia e Cubo del mille.
Possiamo utilizzare la Catena del cento come unità di misura per inserire le frecce rosse delle centinaia.

La Numerazione da 11 a 99 e Catene 100-1000

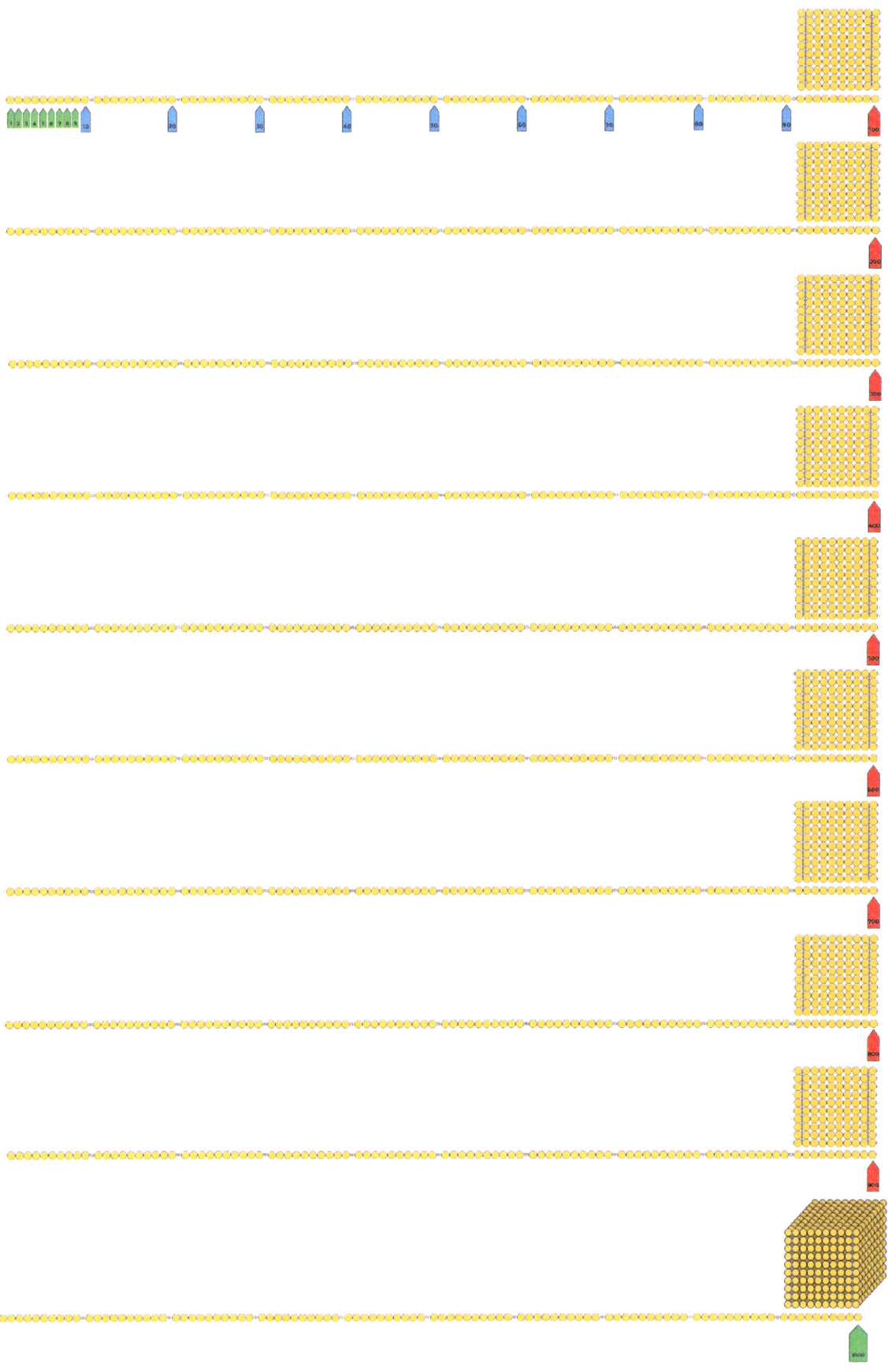

Album Matematica 2

La Numerazione da 11 a 99 e Catene 100-1000

📌 Il bambino può ricopiare su strisce di carta questo lavoro.
Nella sezione Materiali è stato ricostruito, per facilitare il bambino nella riproduzione dell'attività.

ALTRE ATTIVITÀ CON LA
CATENA DEL MILLE

📌 Manteniamo la Catena del mille piegata come nei lavori appena svolti, in modo che siano ben visibili i dieci Quadrati da cui è formata.
Poniamo la Catena del cento, al di sopra di essa, distesa.
Il bambino può osservare che, ad ogni Bastoncino del dieci di questa, corrisponde un Quadrato della Catena del mille.

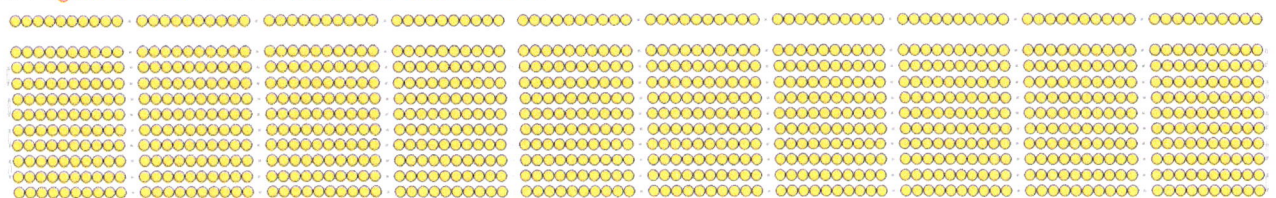

📌 Ora, pieghiamo la Catena del cento nello stesso modo della Catena del mille, così da formare un Quadrato che corrisponde ad un Quadrato della Catena del mille

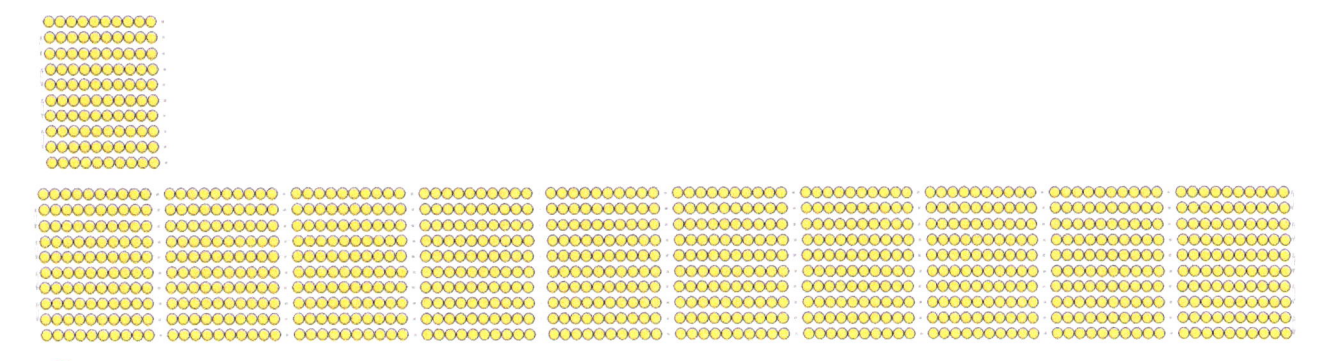

📌 Estraiamo dalla busta le Frecce bianche, le facciamo leggere e appaiare alle Perle dorate corrispondenti

📌 Invitiamo il bambino a "camminare" lungo la catena "da 300 a 400".
Poi, "Torna indietro di 200"

📌 Il bambino può riprodurre sul quaderno, per favorire e sostenere l'attenzione e la motricità oculo-manuale, i lavori che ha svolto sui confronti fra:
- Perla dell'unità
- Bastoncino del dieci
- Quadrato del cento
- Cubo del mille

📌 Può disegnare una "Striscia" della Catena del mille

SCOPO – OBIETTIVO
- Rinforzare e agevolare l'azione del contare
- Rappresentare un concetto astratto, e renderlo concreto e reale attraverso il Materiale
- Comprendere il Sistema Decimale, e tutti i suoi segreti
- Agevolare la comprensione del lavoro futuro sulla matematica

ETÀ
Classe I Scuola Primaria

BIBLIOGRAFIA

Appunti, Album e Materiale personale creato durante il "Corso di differenziazione didattica Montessori per insegnanti di scuola primaria" 2017-2019, presso Opera Nazionale Montessori, Roma

Maria Montessori, *L'autoeducazione*, Garzanti, 2016;
Maria Montessori, *La scoperta del bambino*, Garzanti, 2016;
Maria Montessori, *La mente del bambino*, Garzanti, 2016;
Maria Montessori, *Come educare il potenziale umano*, Garzanti, 2016;
Maria Montessori, *Psicogrammatica*, Franco Angeli, 2017;
Maria Montessori, *Educazione per un mondo nuovo*, Garzanti, 2018;
Maria Montessori, *Il bambino in famiglia*, Garzanti, 2018;
Maria Montessori, *Il segreto dell'infanzia*, Garzanti, 2018;
Maria Montessori, *Dall'infanzia all'adolescenza*, Franco Angeli, 2019;

R. Regni, Leonardo Fogassi, *Maria Montessori e le neuroscienze*, Fefè Editore, 2019.

La Numerazione da 11 a 99 e Catene 100-1000

Esercizi

Questa serie di esercizi può essere svolta in tre modi:
- 🟦 riproporre l'esercizio sul quaderno;
- 🟩 stampare e incollare sul quaderno la pagina dell'esercizio;
- 🟥 preparare tante strisce che il bambino può compilare.

Ogni esercizio può essere svolto con i numeri fino a 99!

> **NOTA**
> Il Metodo Montessori prevede, per far comprendere al bambino che un numero sia composto da più cifre (centinaia, decine, unità, ...), la differenziazione visiva tra i numeri secondo il colore gerarchico (es. il numero 123) (Album Matematica 2 - Il Sistema Decimale)

La Numerazione da 11 a 99 e Catene 100-1000

1

Col Materiale forma i numeri da 11 a 19
(Bastoncino del dieci e Bastoncini di Perle Colorate 1-9).
Colora tante Perle, e tanti quadretti, quante/i sono quelle/i
del numero formato. Poi scrivi il numero corrispondente.
Il contorno colorato, della striscia dell'esercizio,
guida il bambino nella scelta dei Bastoncini di Perle Colorate.

La Numerazione da 11 a 99 e Catene 100-1000

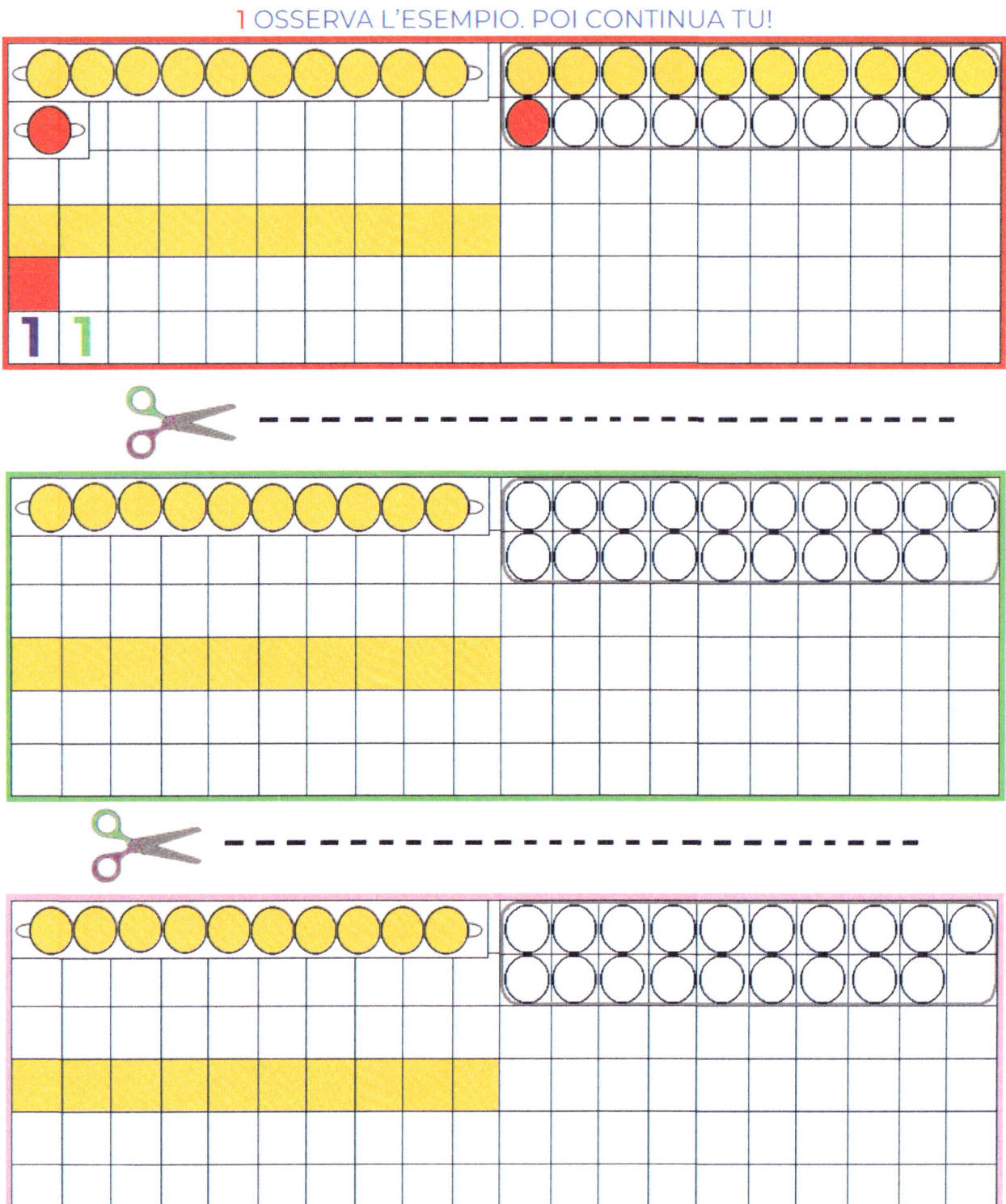

1 OSSERVA L'ESEMPIO. POI CONTINUA TU!

Album Matematica 2

La Numerazione da 11 a 99 e Catene 100-1000

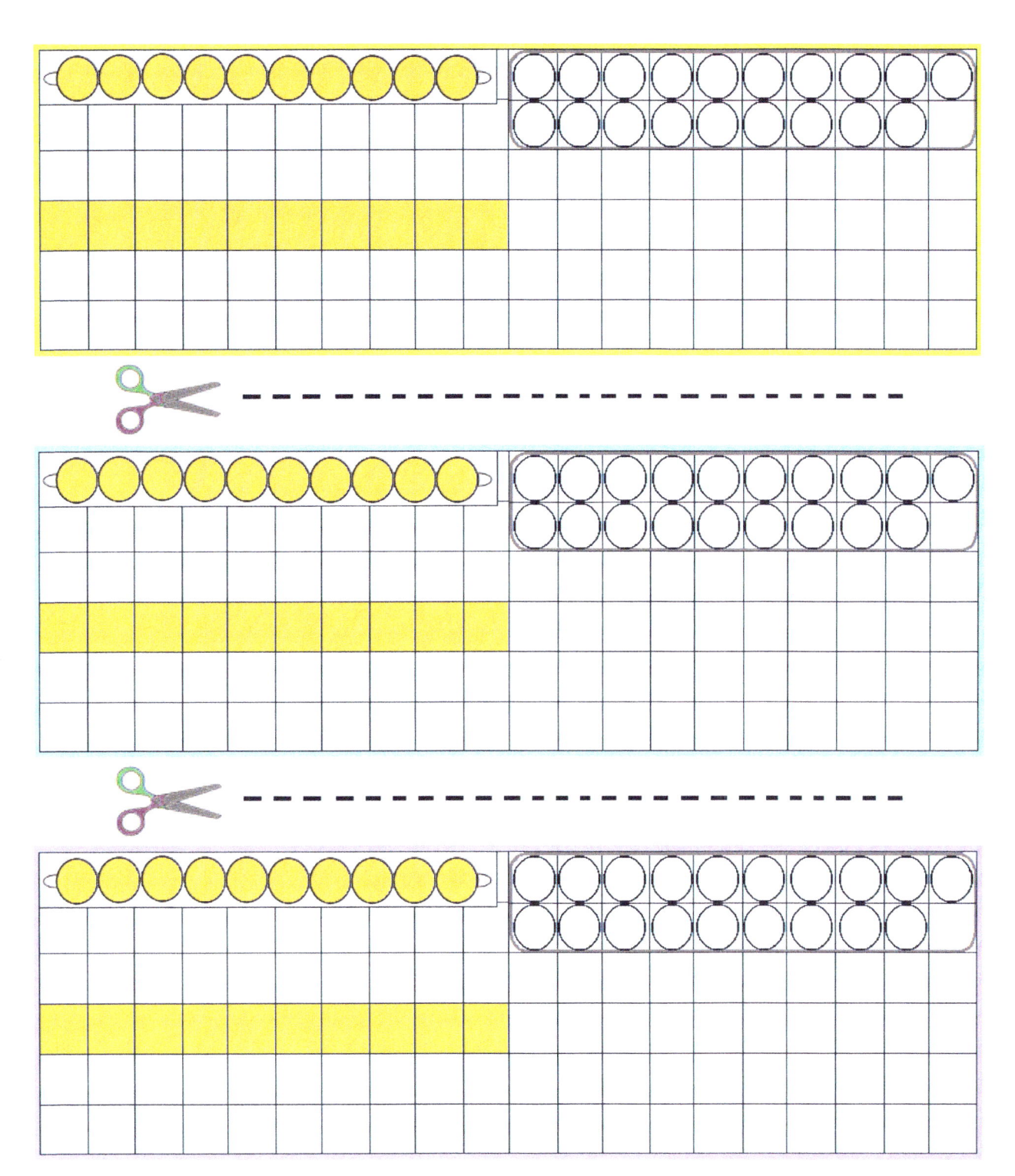

Album Matematica 2

La Numerazione da 11 a 99 e Catene 100-1000

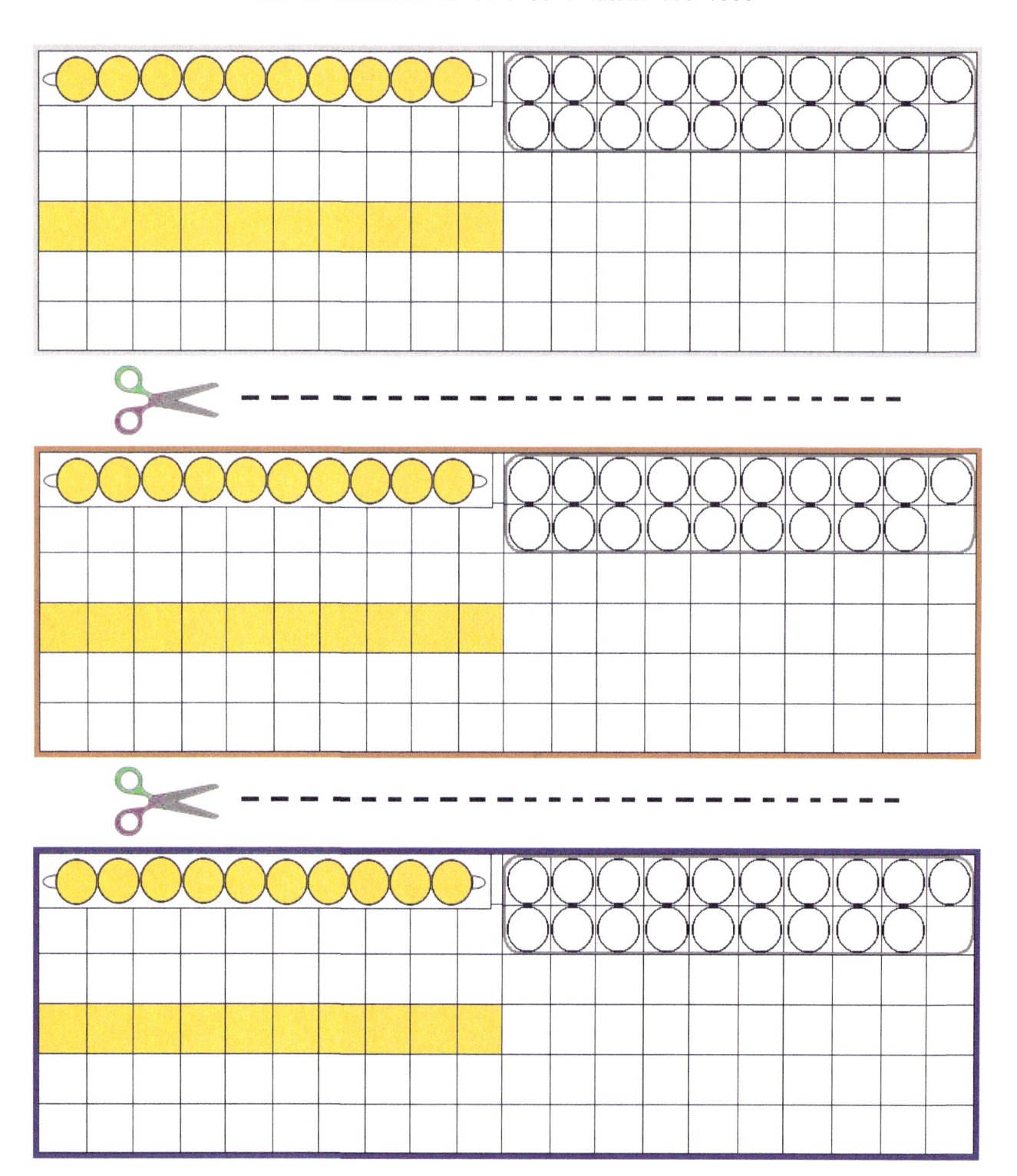

Album Matematica 2

51

La Numerazione da 11 a 99 e Catene 100-1000

2

Col Materiale conta, forma e scrivi i numeri da 20 a 29; poi, colora.

La Numerazione da 11 a 99 e Catene 100-1000

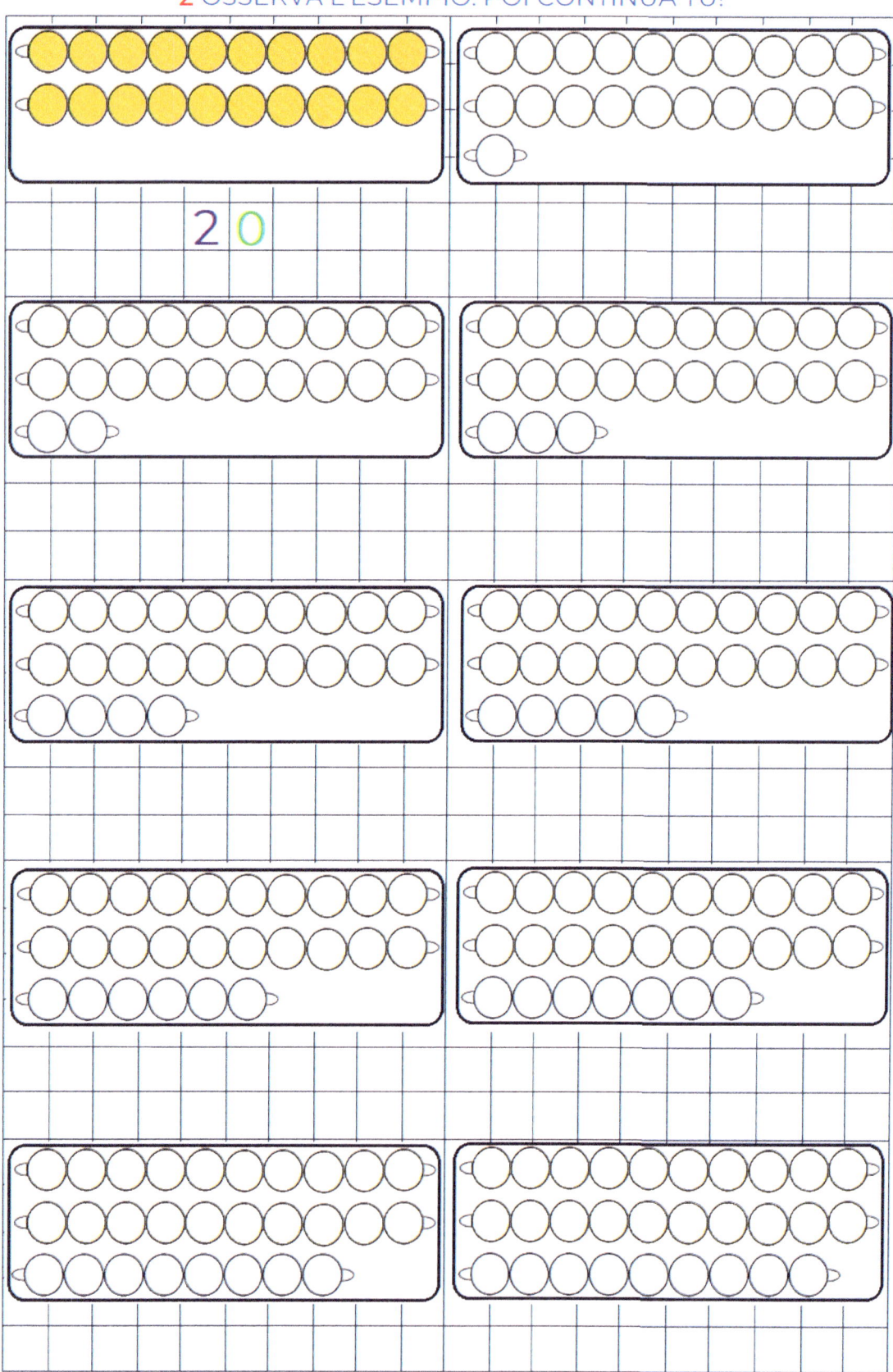

2 OSSERVA L'ESEMPIO. POI CONTINUA TU!

2 0

La Numerazione da 11 a 99 e Catene 100-1000

3

Conta i *Bastoncino del dieci* e i *Bastoncini di Perle Colorate 1-9*.
Scrivi il numero formato.
Indica se le quantità sono, tra loro, minori, uguali o maggiori.
Cerchia, con una matita colorata, il simbolo < = >

La Numerazione da 11 a 99 e Catene 100-1000

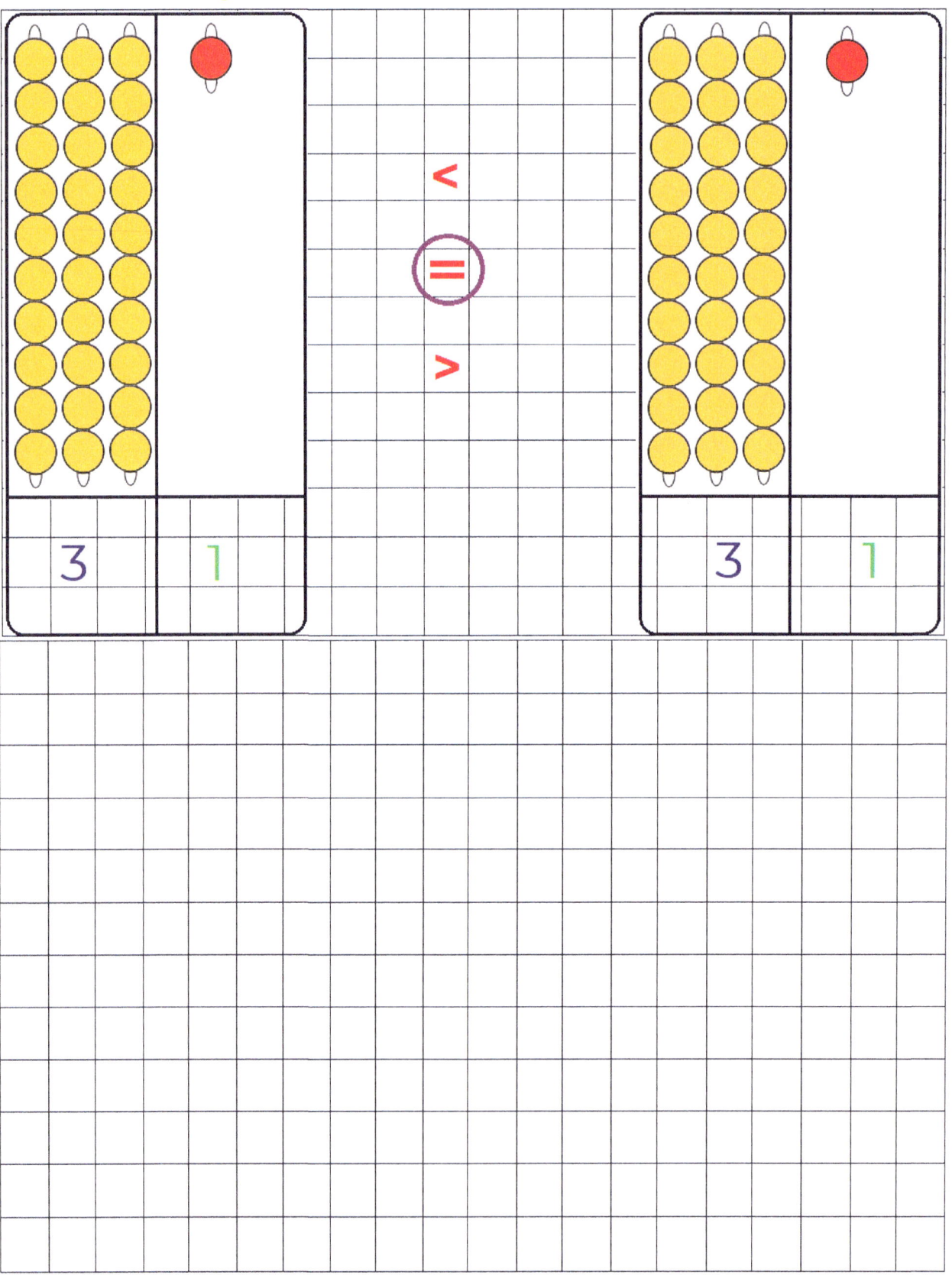

3 OSSERVA L'ESEMPIO. POI CONTINUA TU!

<
=
>

| 3 | 1 |

| 3 | 1 |

Album Matematica 2

La Numerazione da 11 a 99 e Catene 100-1000

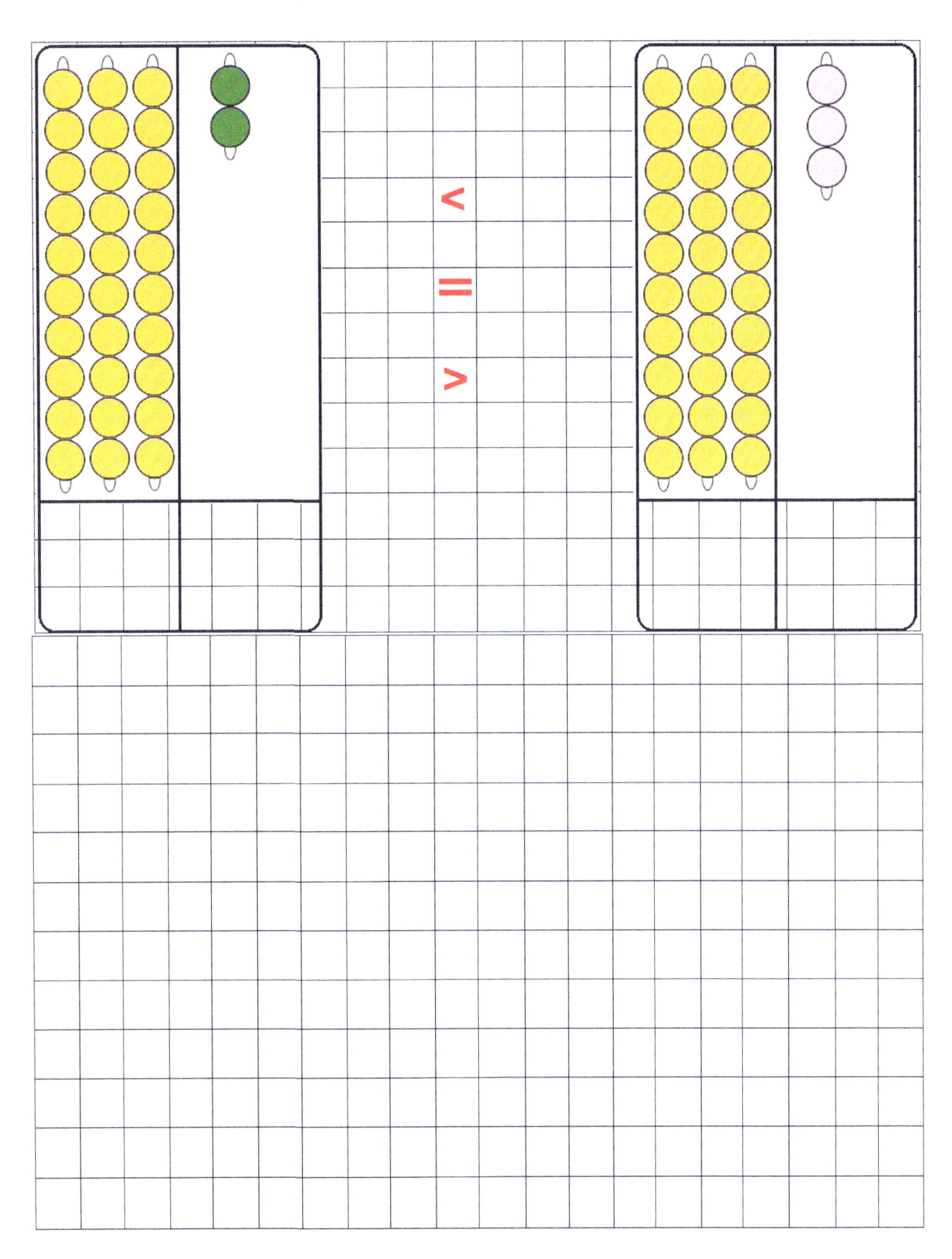

<
=
>

Album Matematica 2

La Numerazione da 11 a 99 e Catene 100-1000

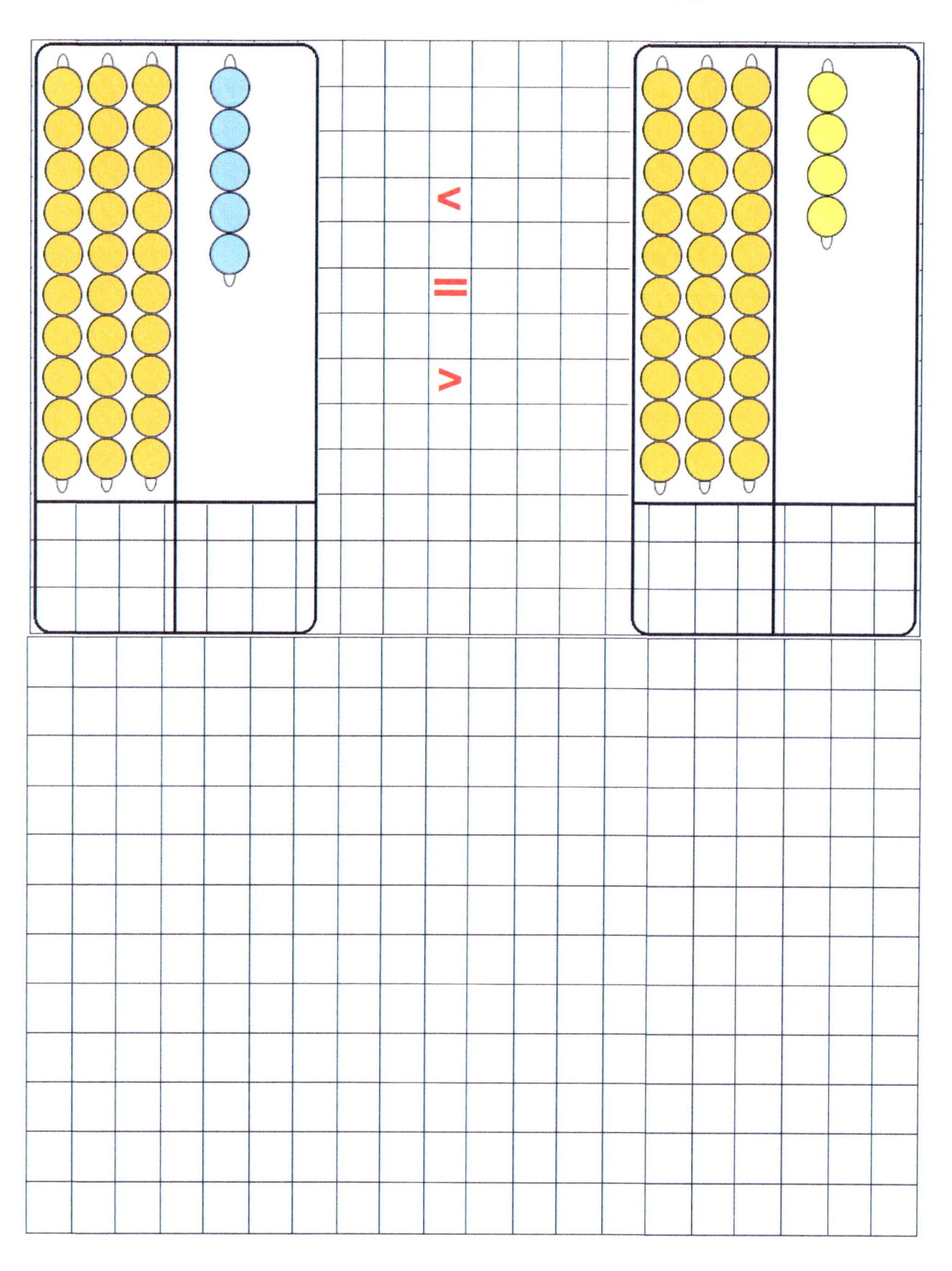

<
=
>

Album Matematica 2

57

La Numerazione da 11 a 99 e Catene 100-1000

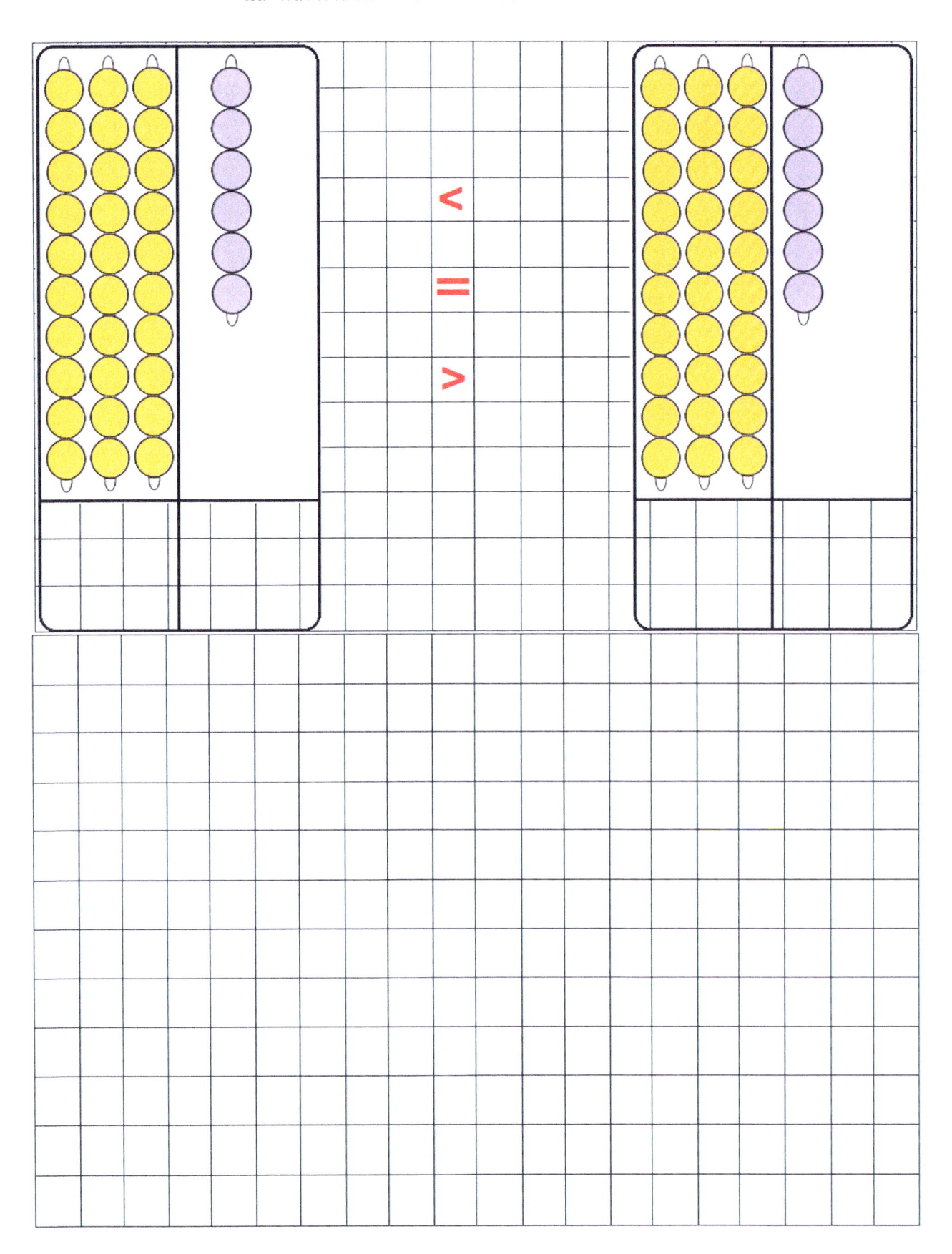

<
=
>

Album Matematica 2

La Numerazione da 11 a 99 e Catene 100-1000

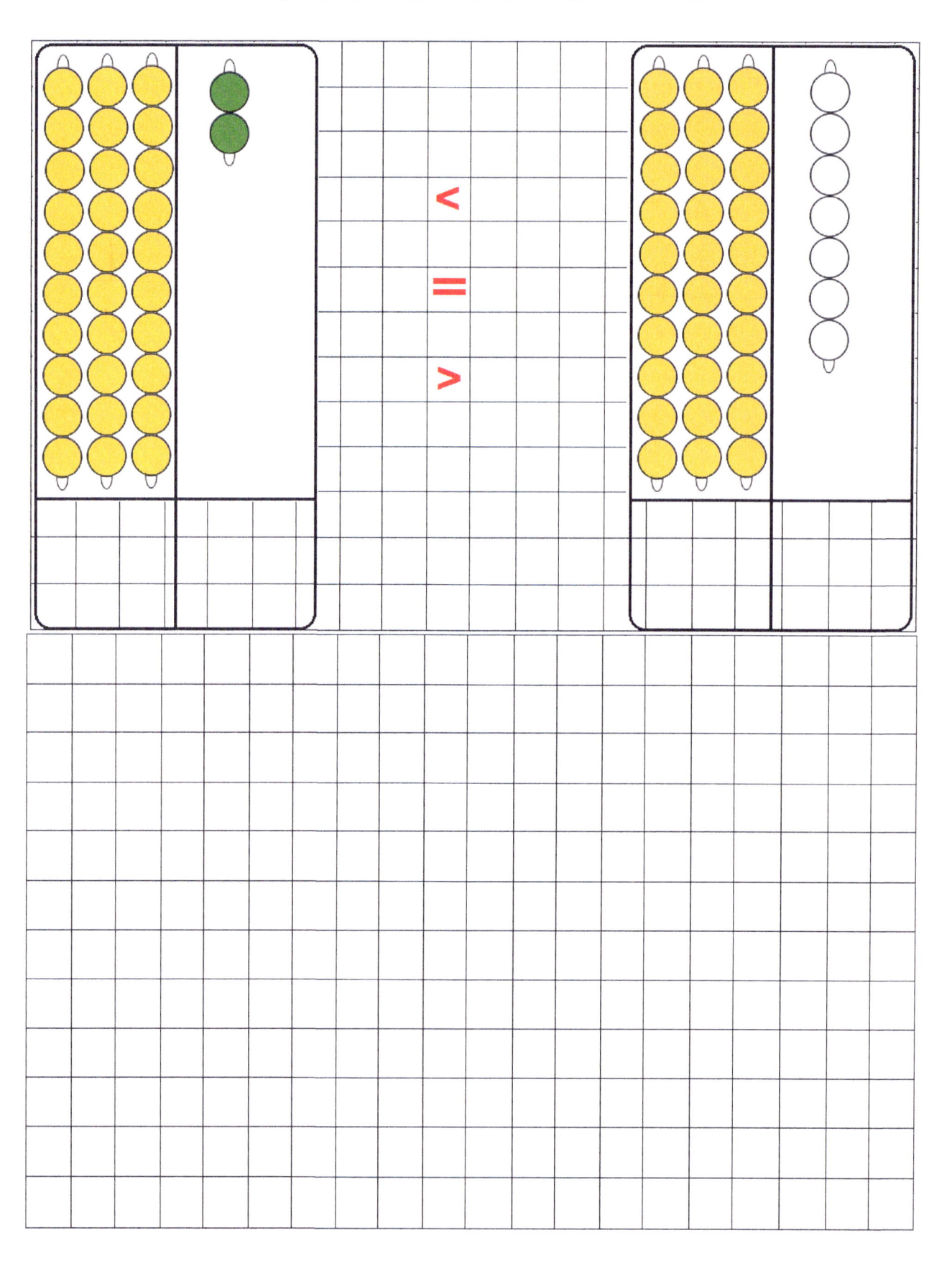

<
=
>

Album Matematica 2

La Numerazione da 11 a 99 e Catene 100-1000

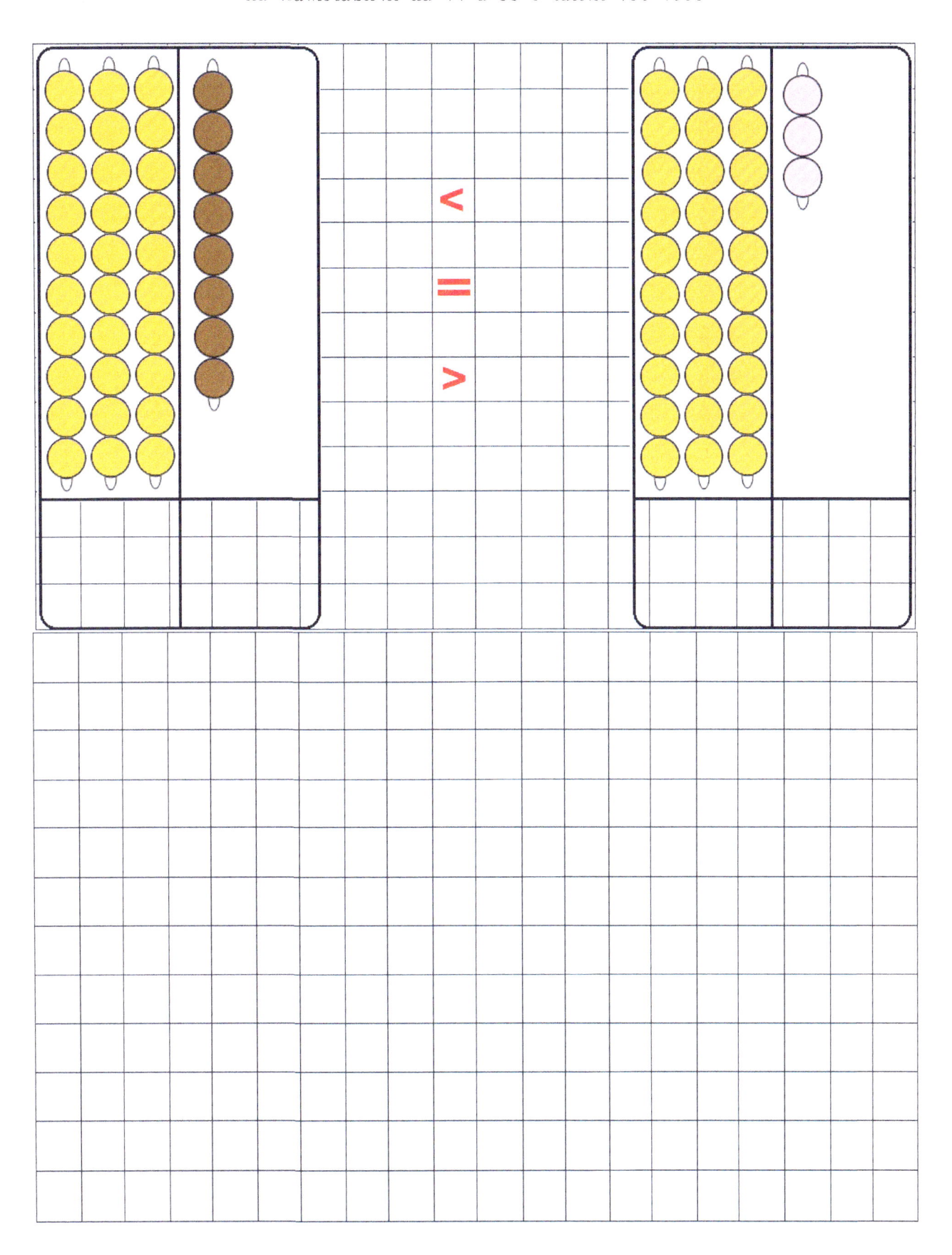

<
=
>

Album Matematica 2

La Numerazione da 11 a 99 e Catene 100-1000

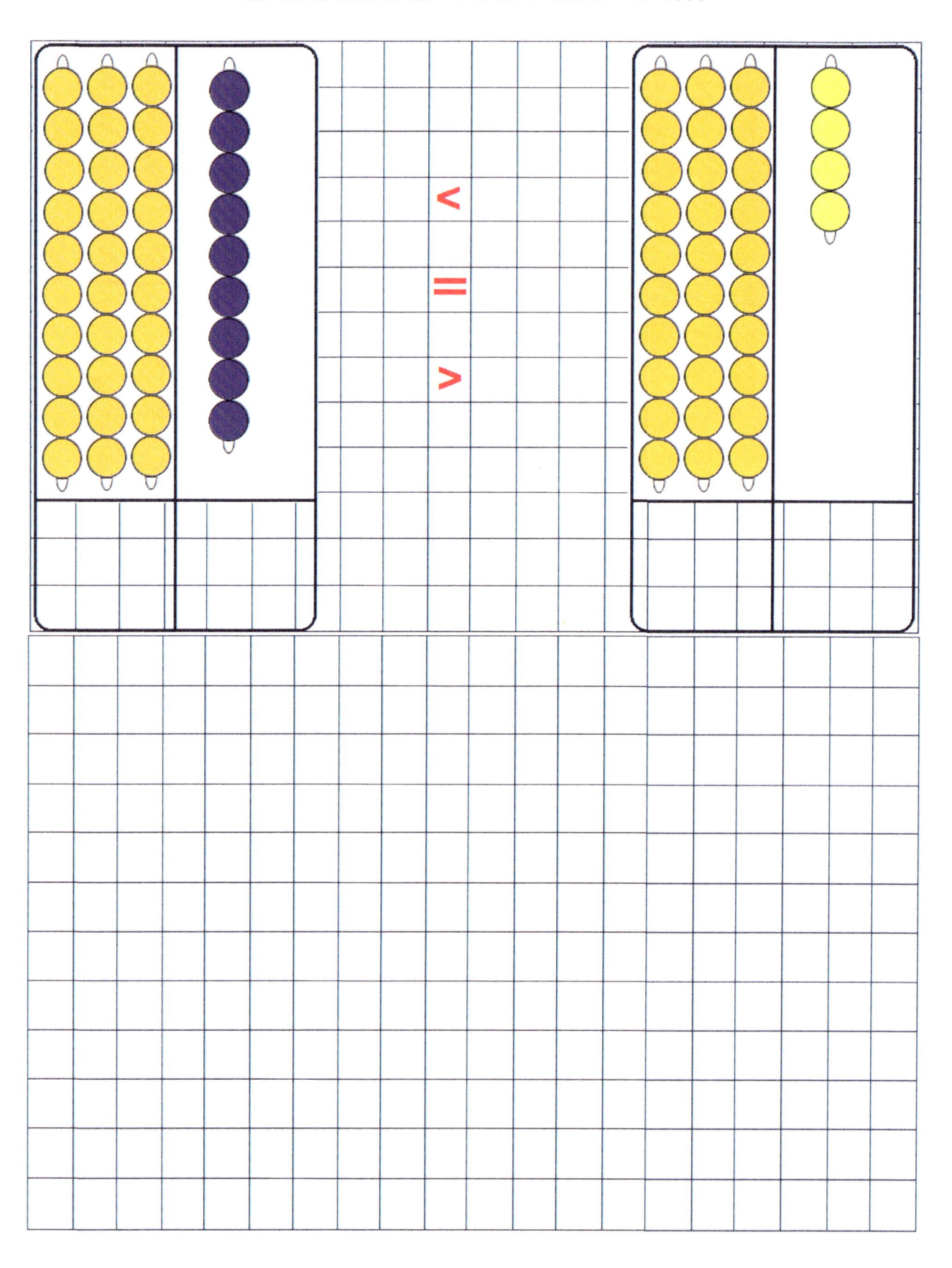

Album Matematica 2

61

La Numerazione da 11 a 99 e Catene 100-1000

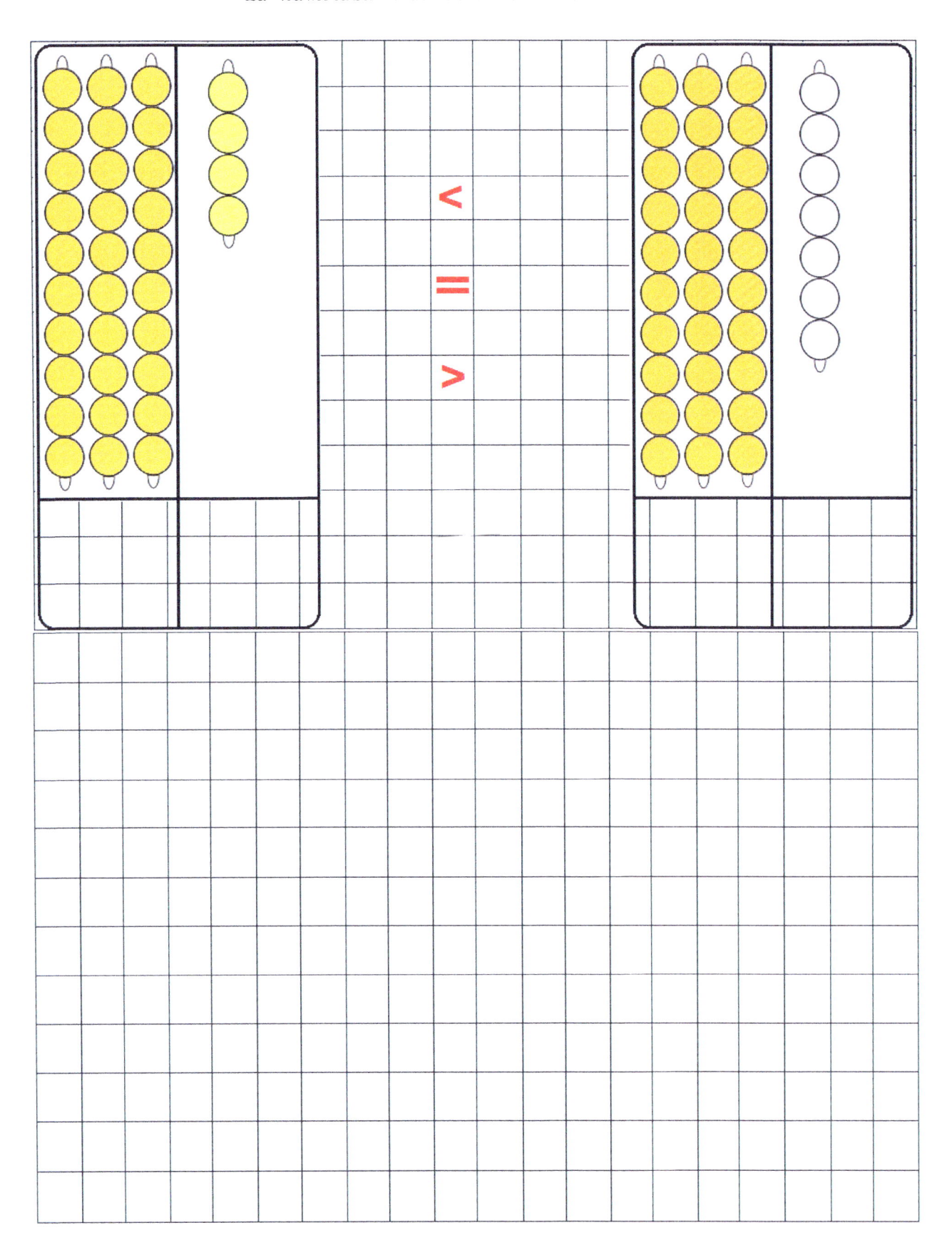

Album Matematica 2

La Numerazione da 11 a 99 e Catene 100-1000

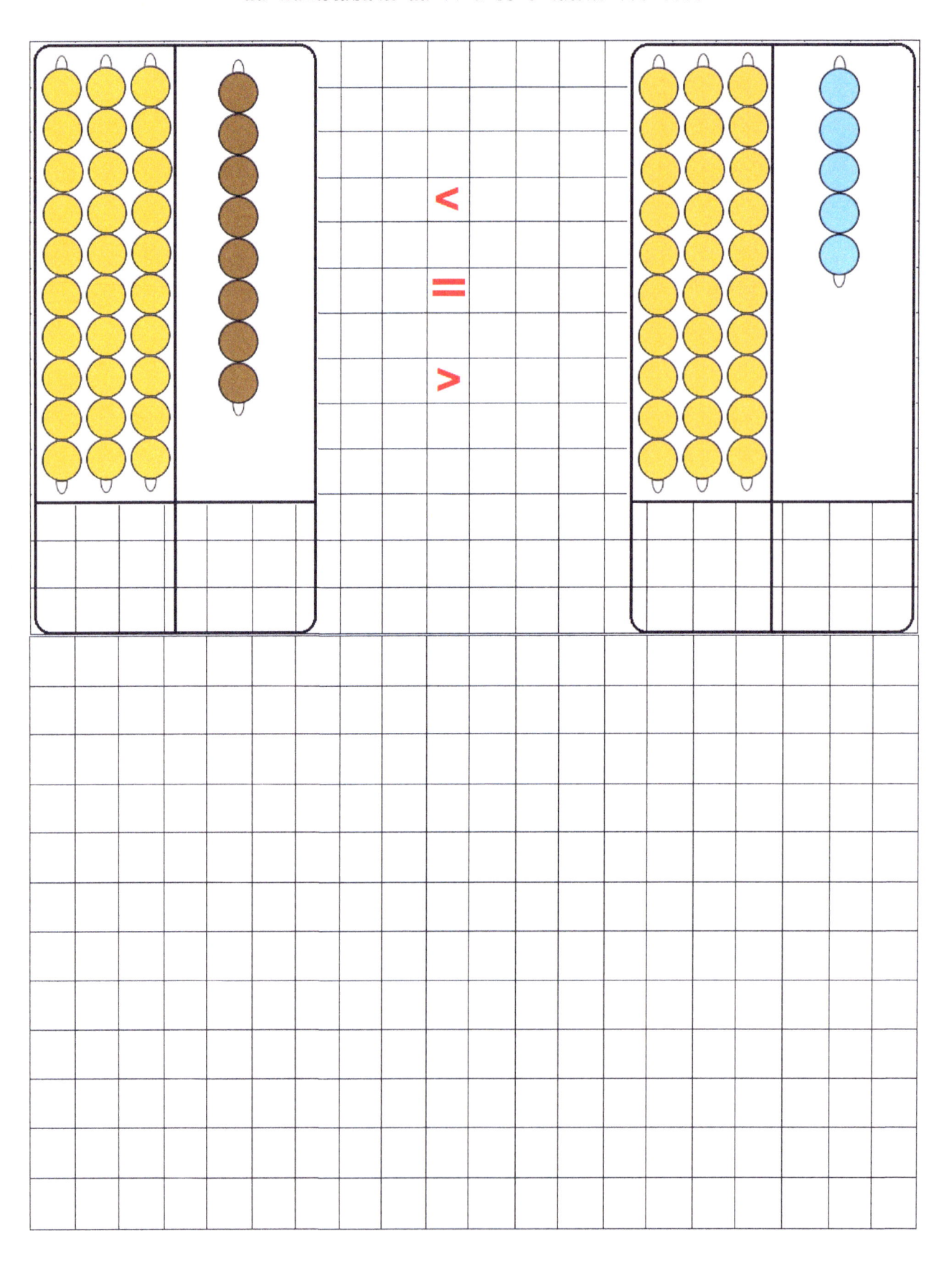

<
=
>

Album Matematica 2
63

La Numerazione da 11 a 99 e Catene 100-1000

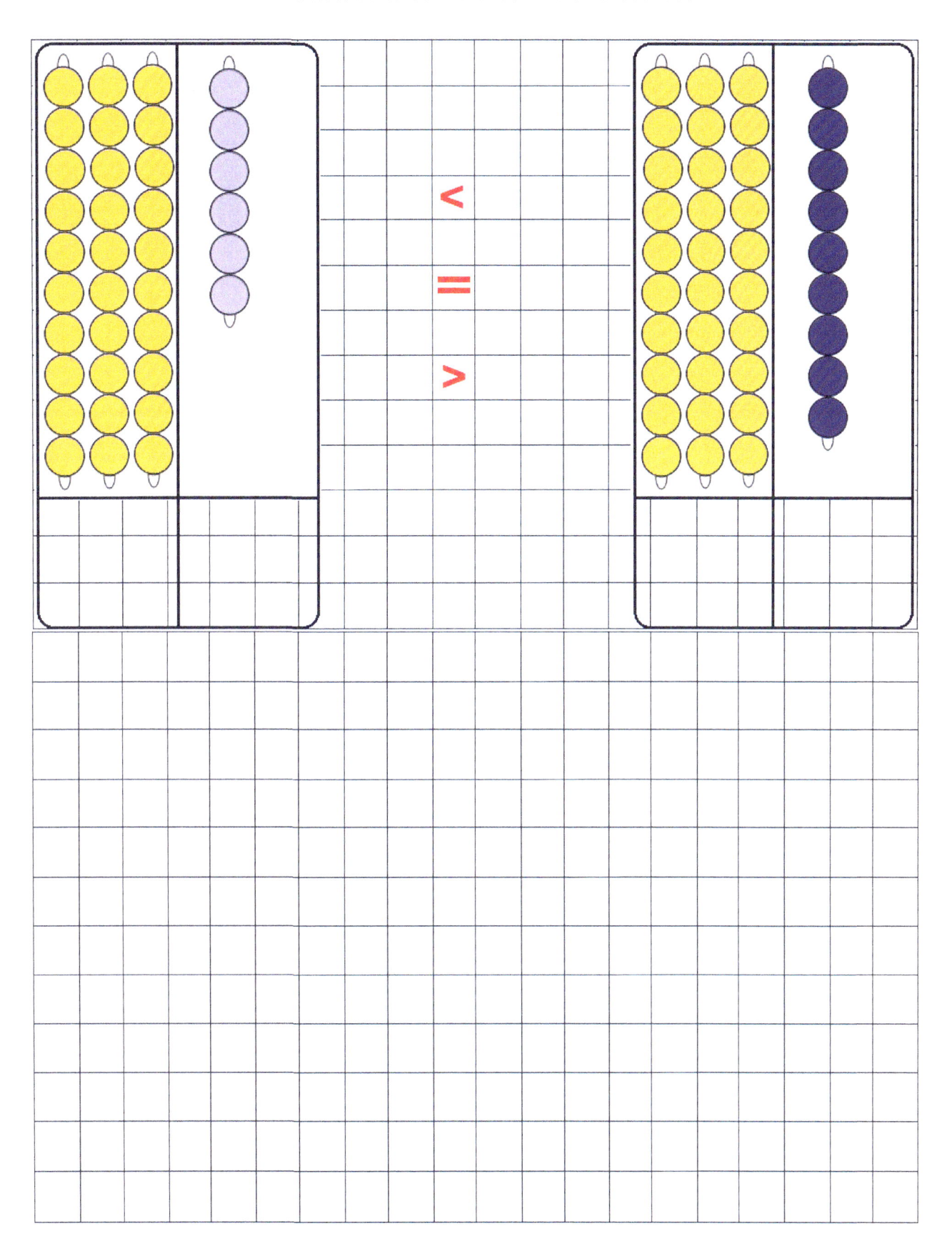

<
=
>

Album Matematica 2

La Numerazione da 11 a 99 e Catene 100-1000

4
Scrivi, su un foglio ripiegato, i numeri da 40 a 49

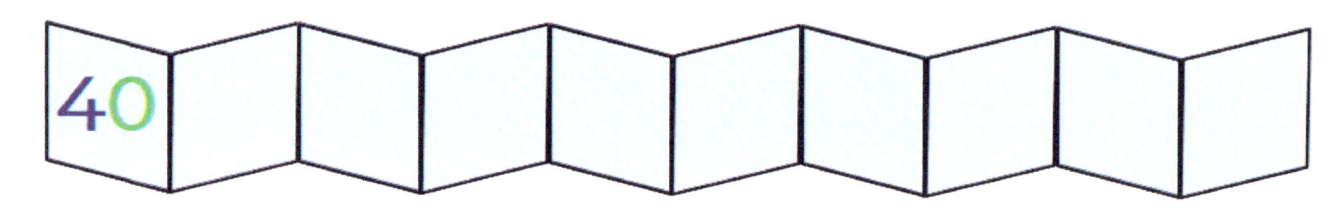

4 OSSERVA L'ESEMPIO. POI CONTINUA TU!

40

La Numerazione da 11 a 99 e Catene 100-1000

Adesso continua tu ... ogni esercizio può essere svolto con i numeri fino a 99!

La Numerazione da 11 a 99 e Catene 100-1000

La Numerazione da 11 a 99 e Catene 100-1000

Schede Corrette

La Numerazione da 11 a 99 e Catene 100-1000

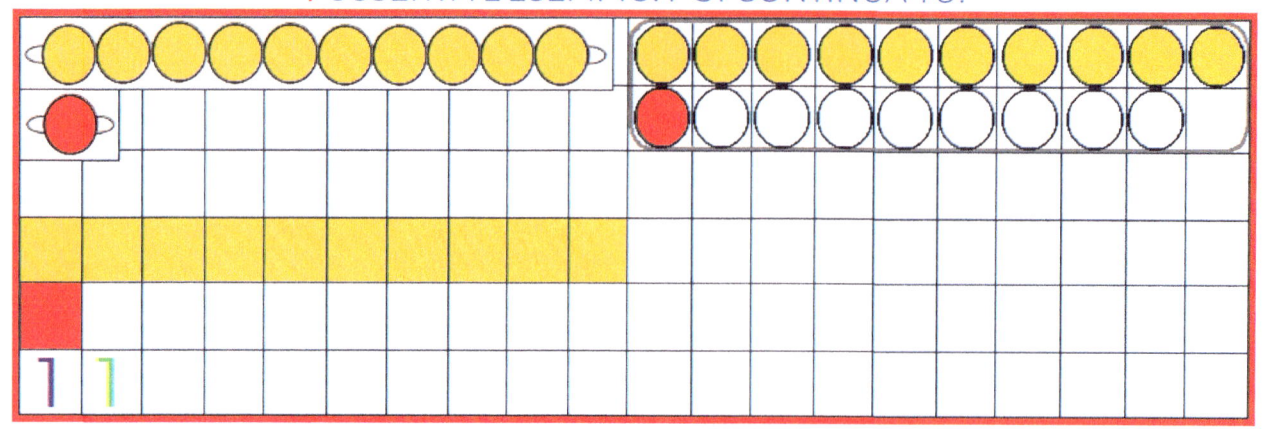

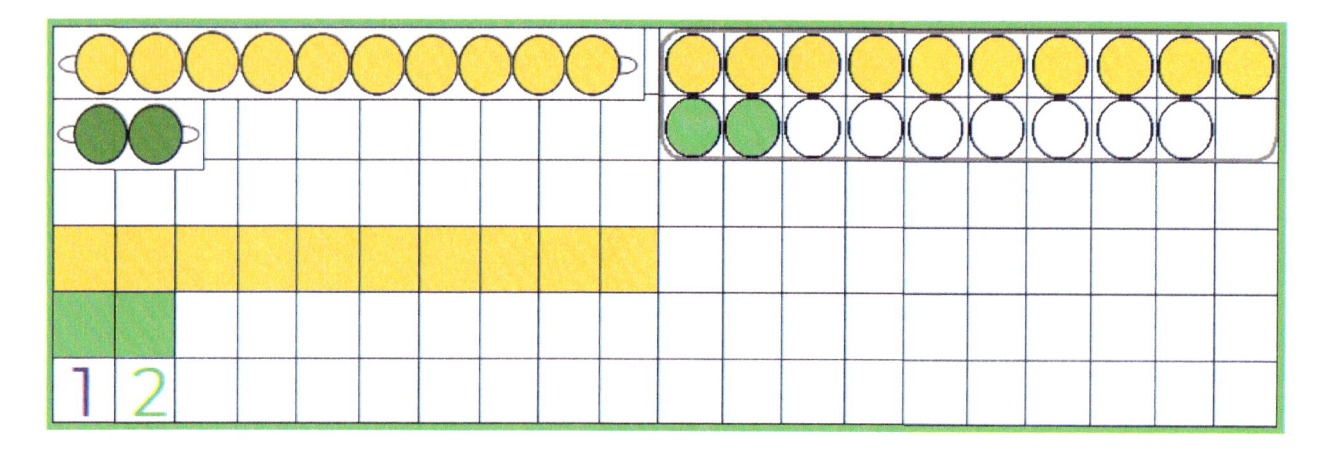

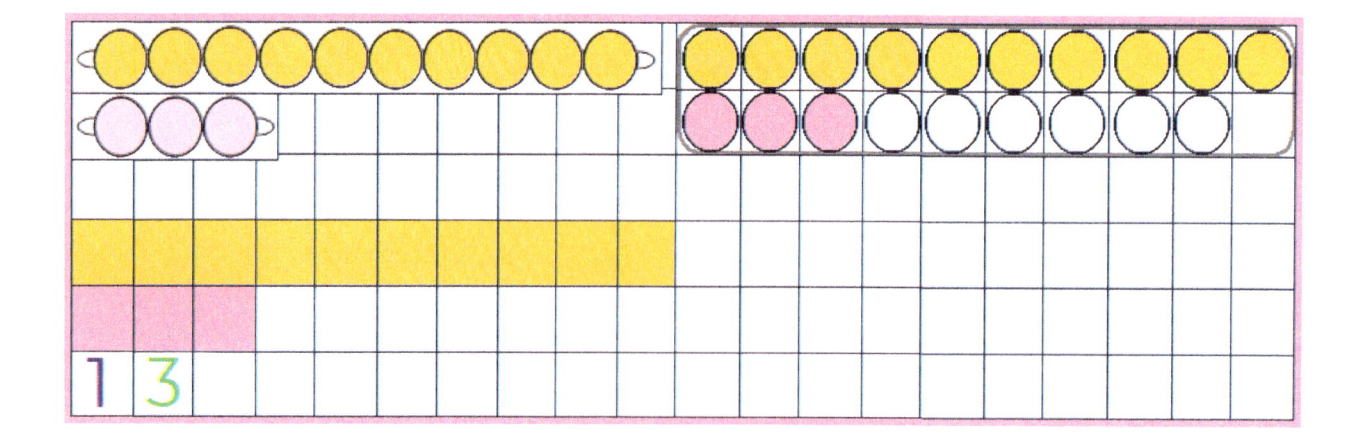

1 OSSERVA L'ESEMPIO. POI CONTINUA TU!

1 1

1 2

1 3

Album Matematica 2

La Numerazione da 11 a 99 e Catene 100-1000

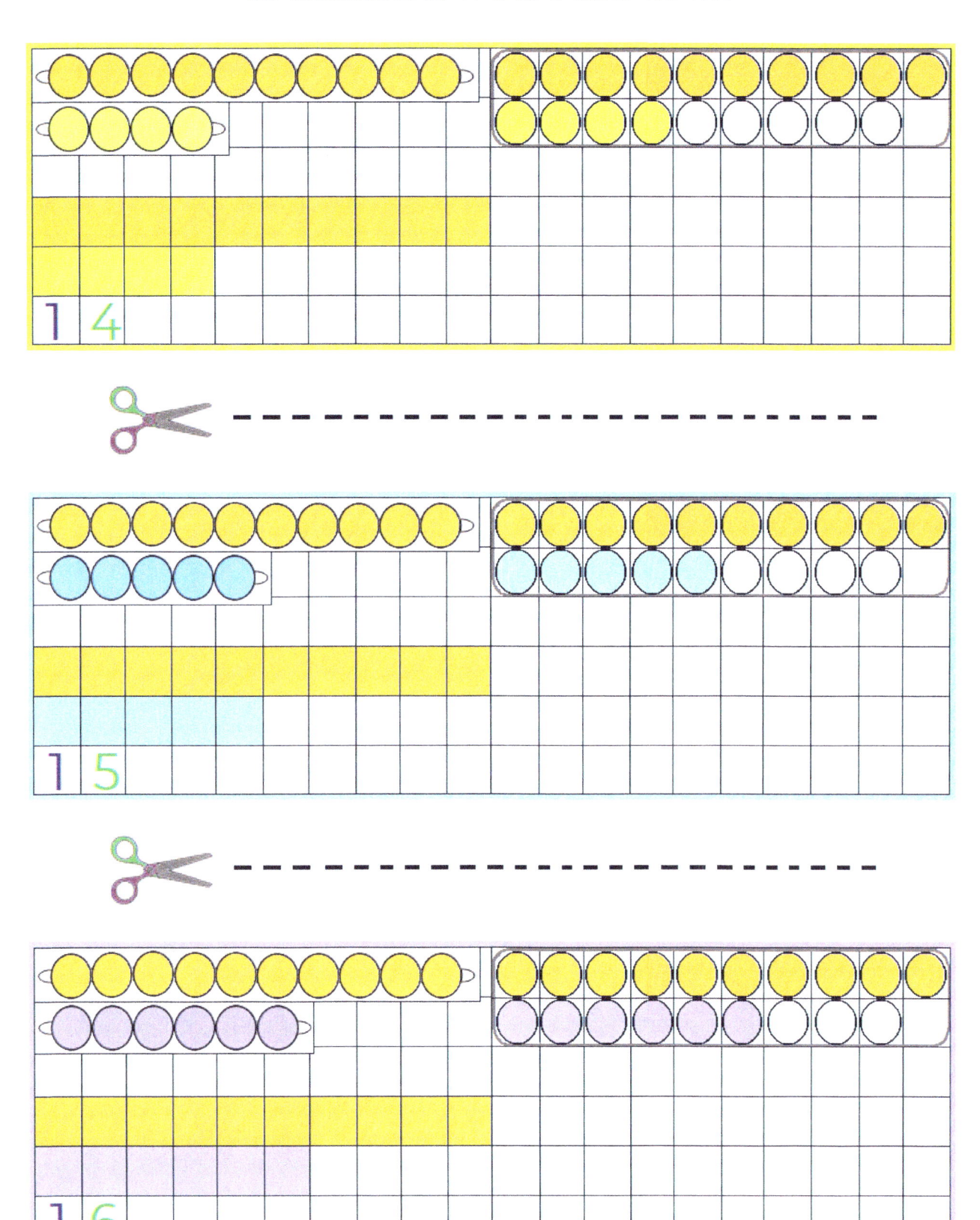

14

15

16

Album Matematica 2

La Numerazione da 11 a 99 e Catene 100-1000

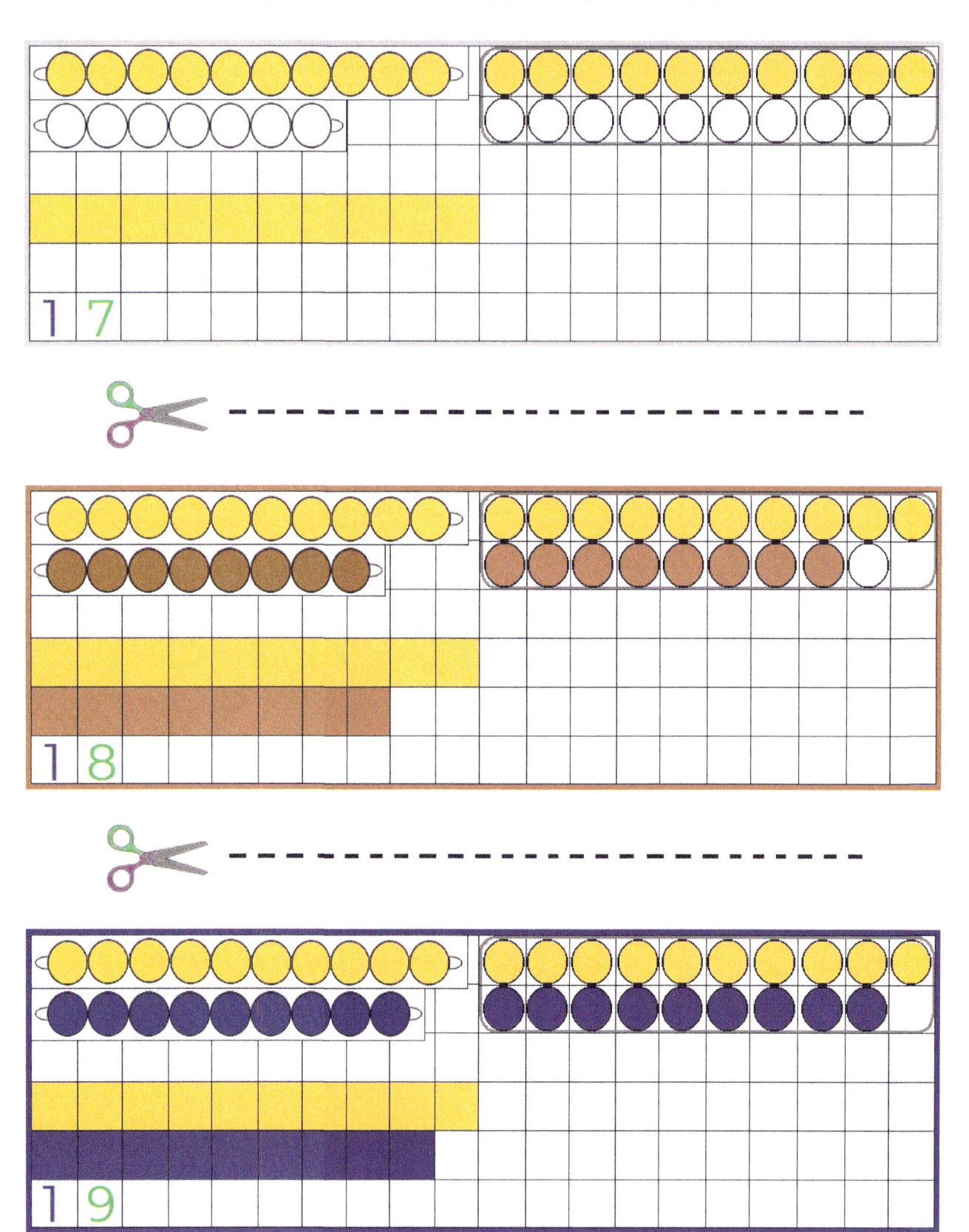

17

18

19

Album Matematica 2

La Numerazione da 11 a 99 e Catene 100-1000

2 OSSERVA L'ESEMPIO. POI CONTINUA TU!

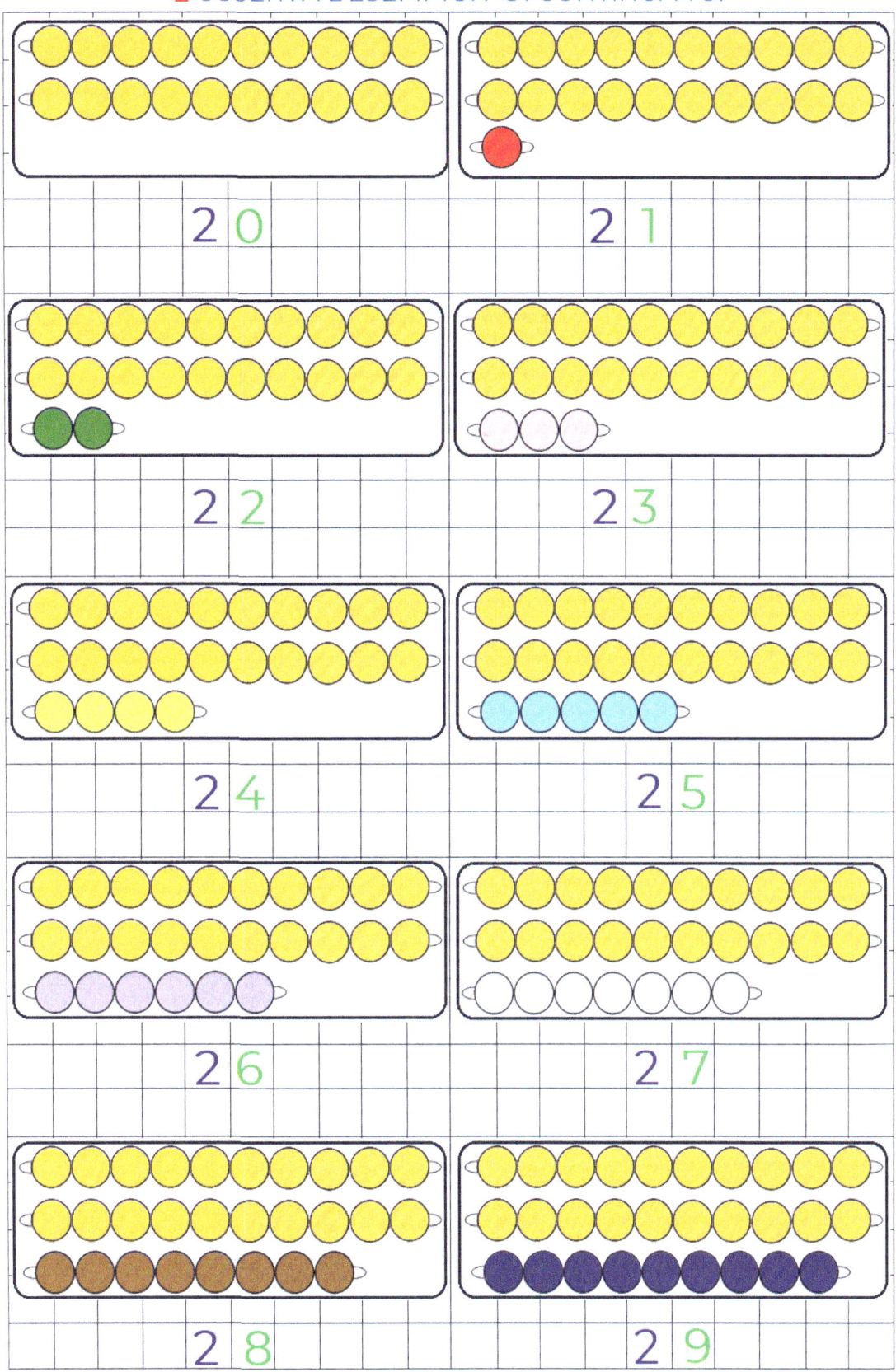

20	21
22	23
24	25
26	27
28	29

Album Matematica 2

La Numerazione da 11 a 99 e Catene 100-1000

3 OSSERVA L'ESEMPIO. POI CONTINUA TU!

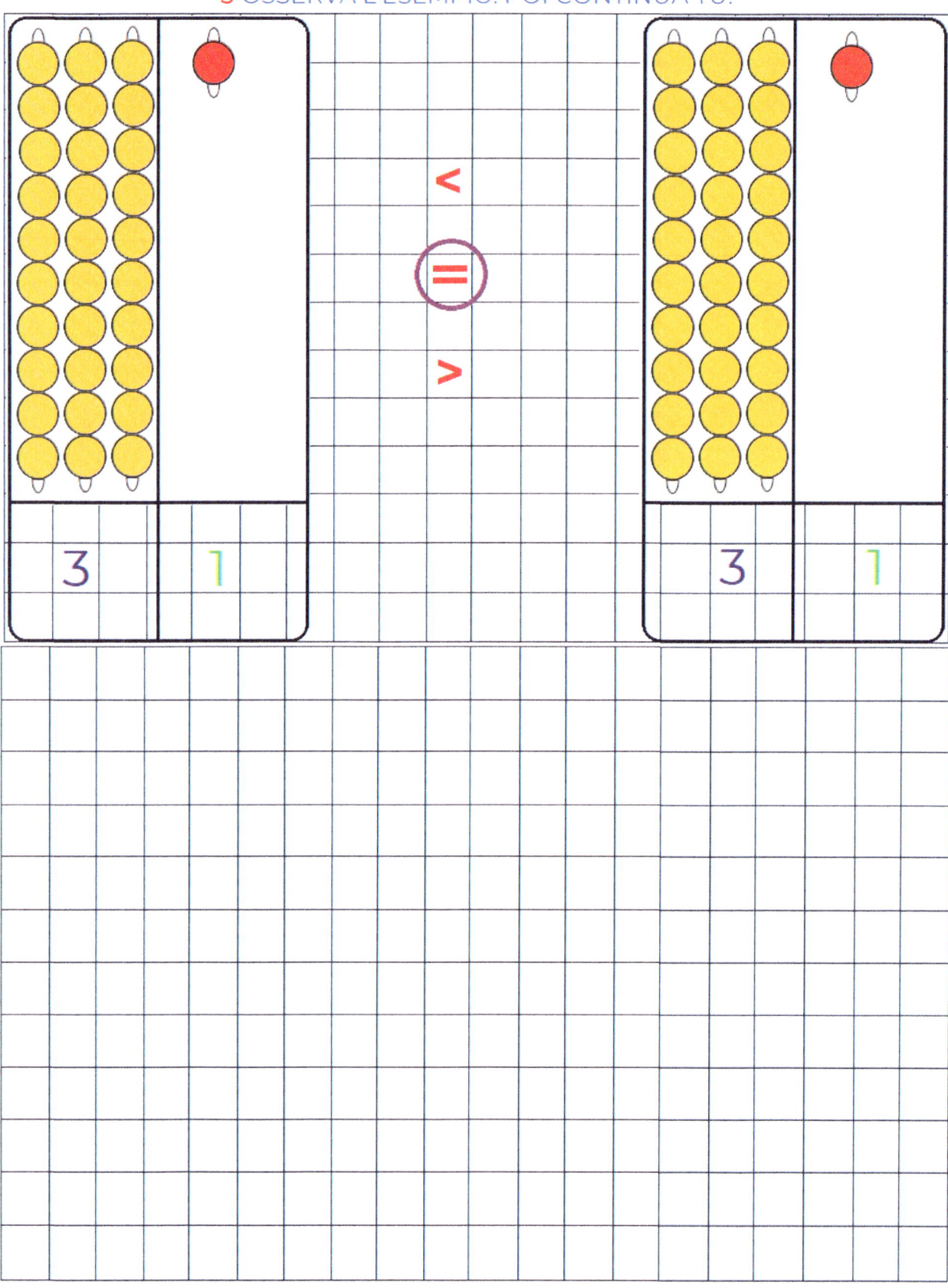

<
=
>

3   1   3   1

Album Matematica 2

La Numerazione da 11 a 99 e Catene 100-1000

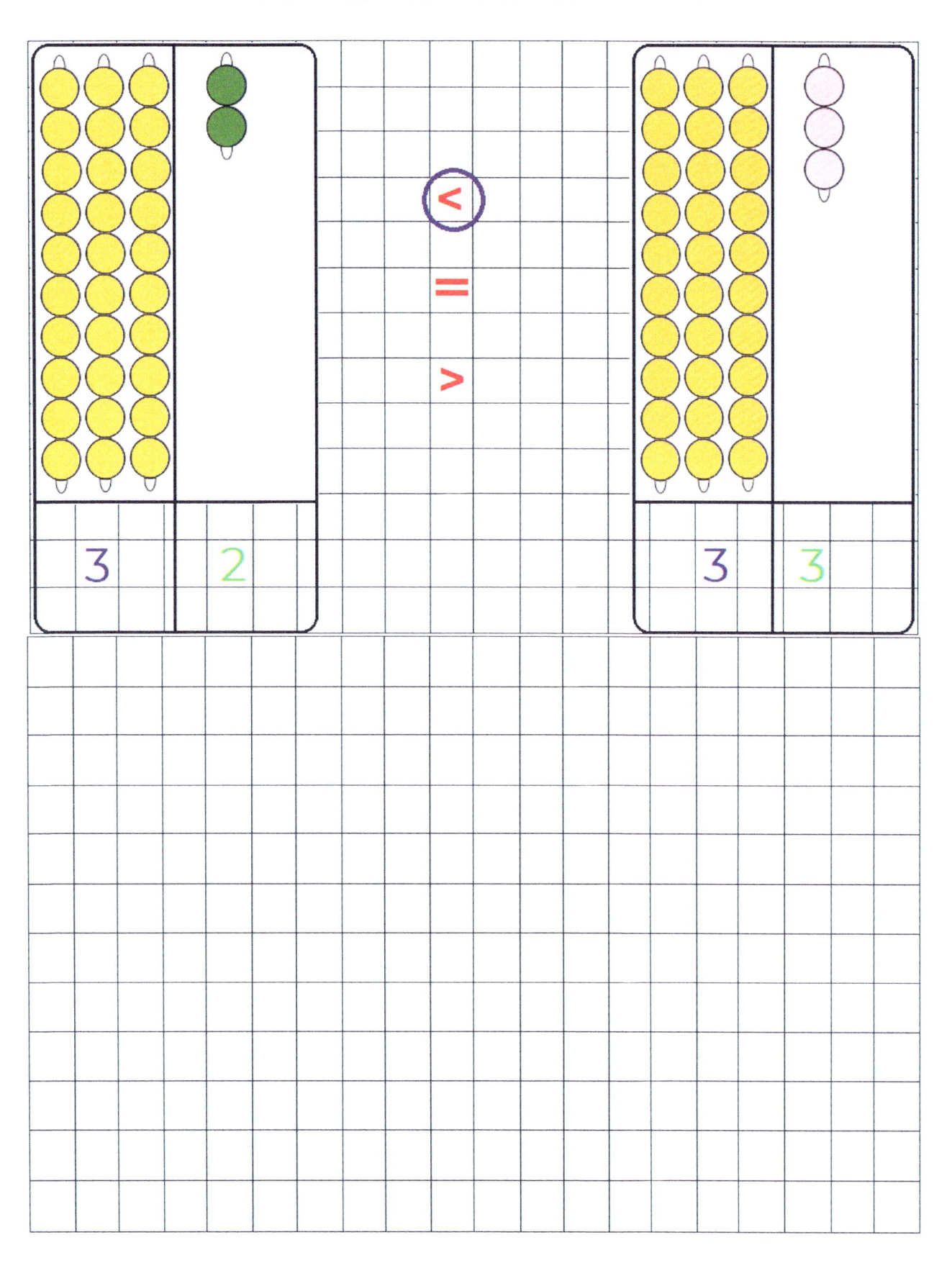

3 2   <   3 3
      =
      >

74

La Numerazione da 11 a 99 e Catene 100-1000

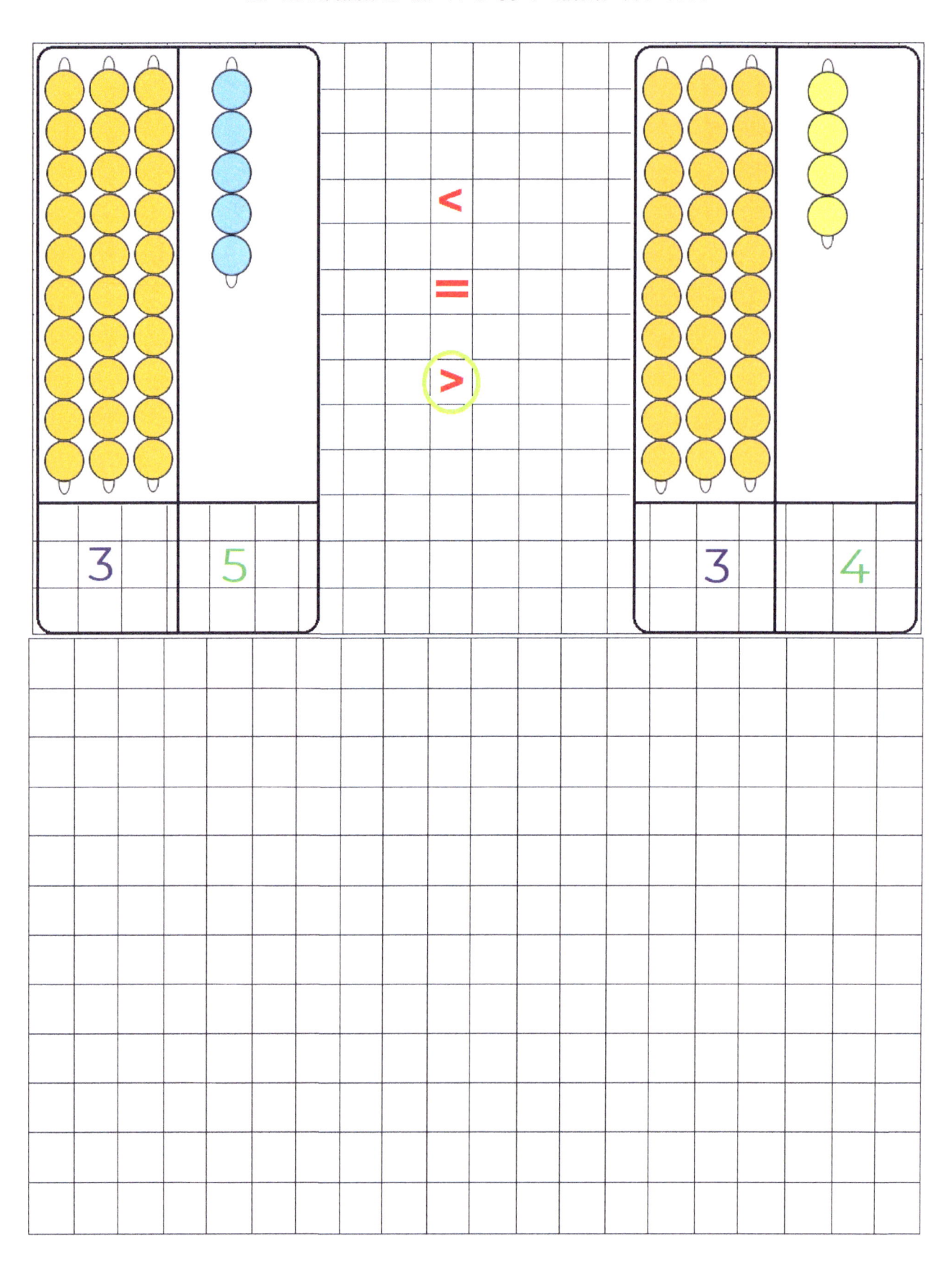

< = >

3　5　　3　4

Album Matematica 2

La Numerazione da 11 a 99 e Catene 100-1000

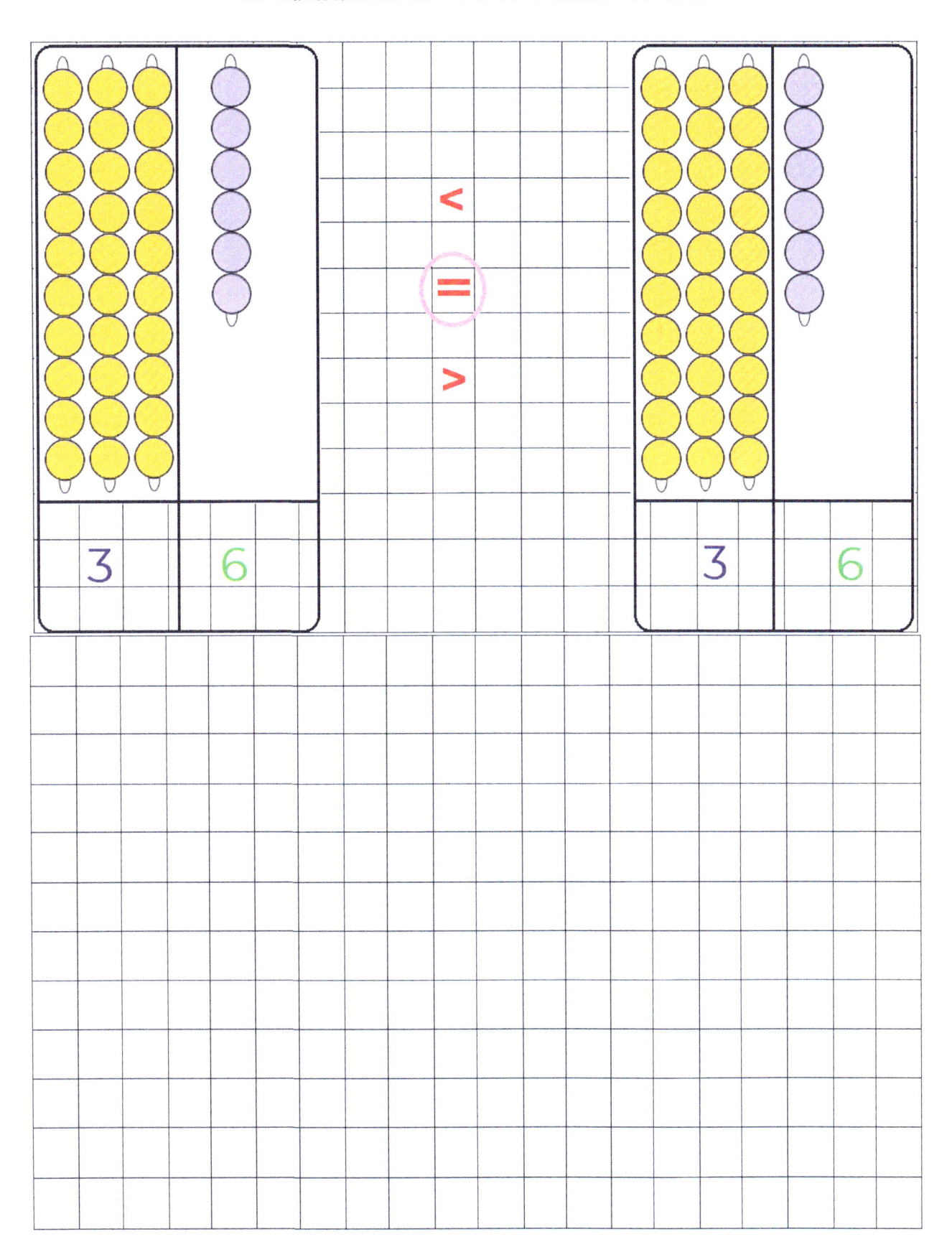

<
=
>

3　6   3　6

Album Matematica 2

76

La Numerazione da 11 a 99 e Catene 100-1000

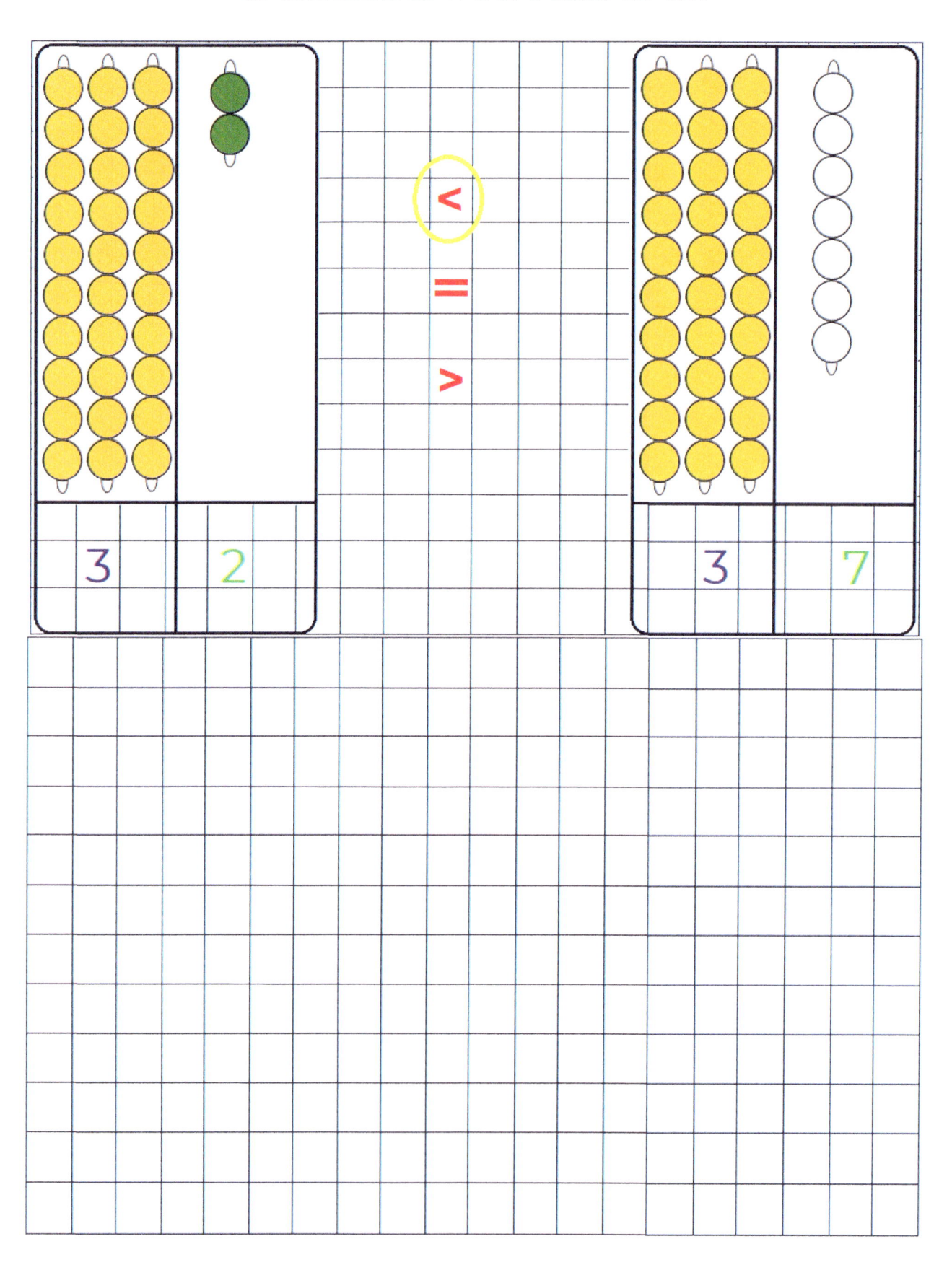

<
=
>

3 2   3 7

Album Matematica 2

La Numerazione da 11 a 99 e Catene 100-1000

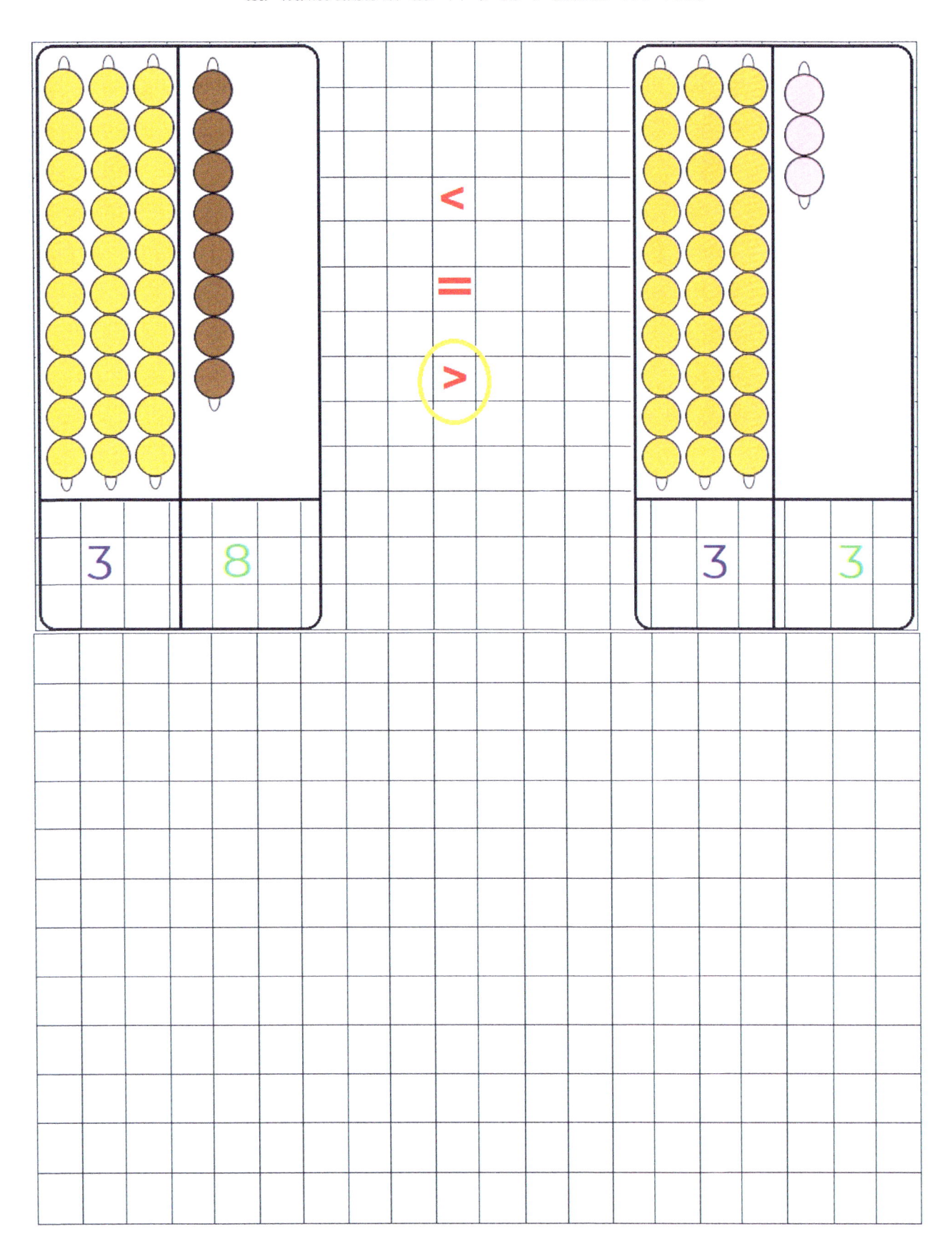

<
=
>

3 8   3 3

Album Matematica 2

La Numerazione da 11 a 99 e Catene 100-1000

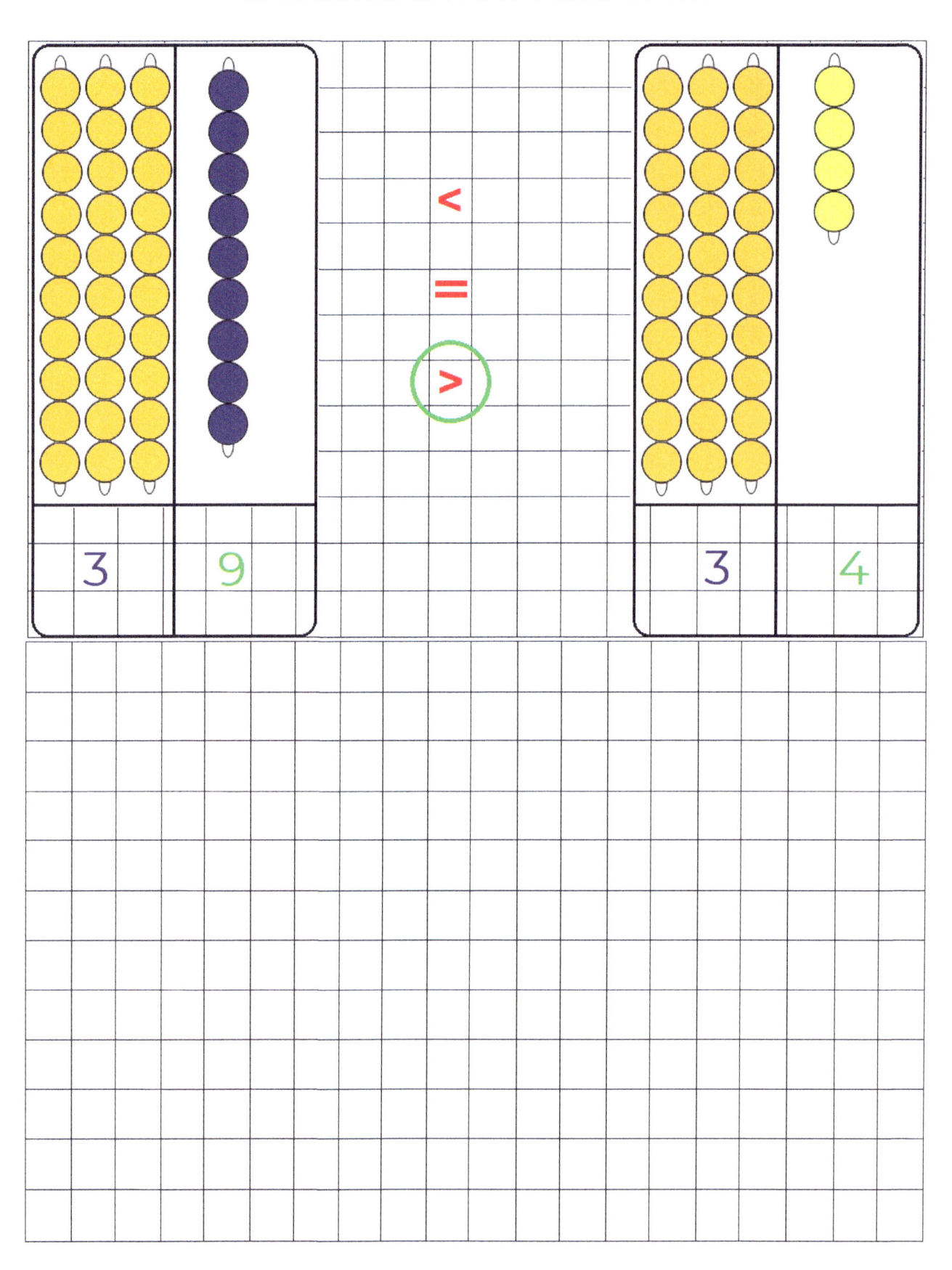

<
=
>

3 9   3 4

Album Matematica 2

La Numerazione da 11 a 99 e Catene 100-1000

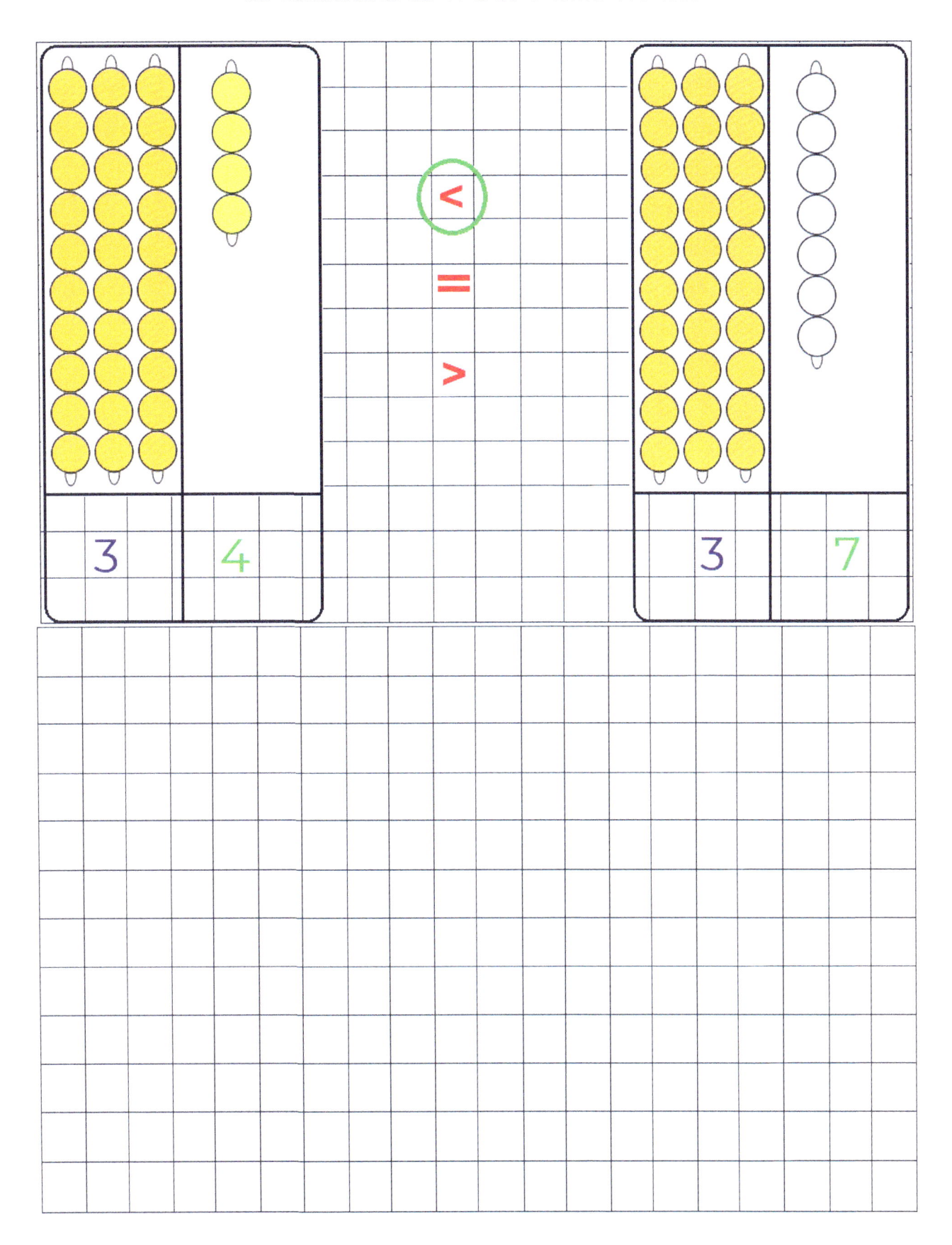

3	4		<		3	7
			=			
			>			

Album Matematica 2

La Numerazione da 11 a 99 e Catene 100-1000

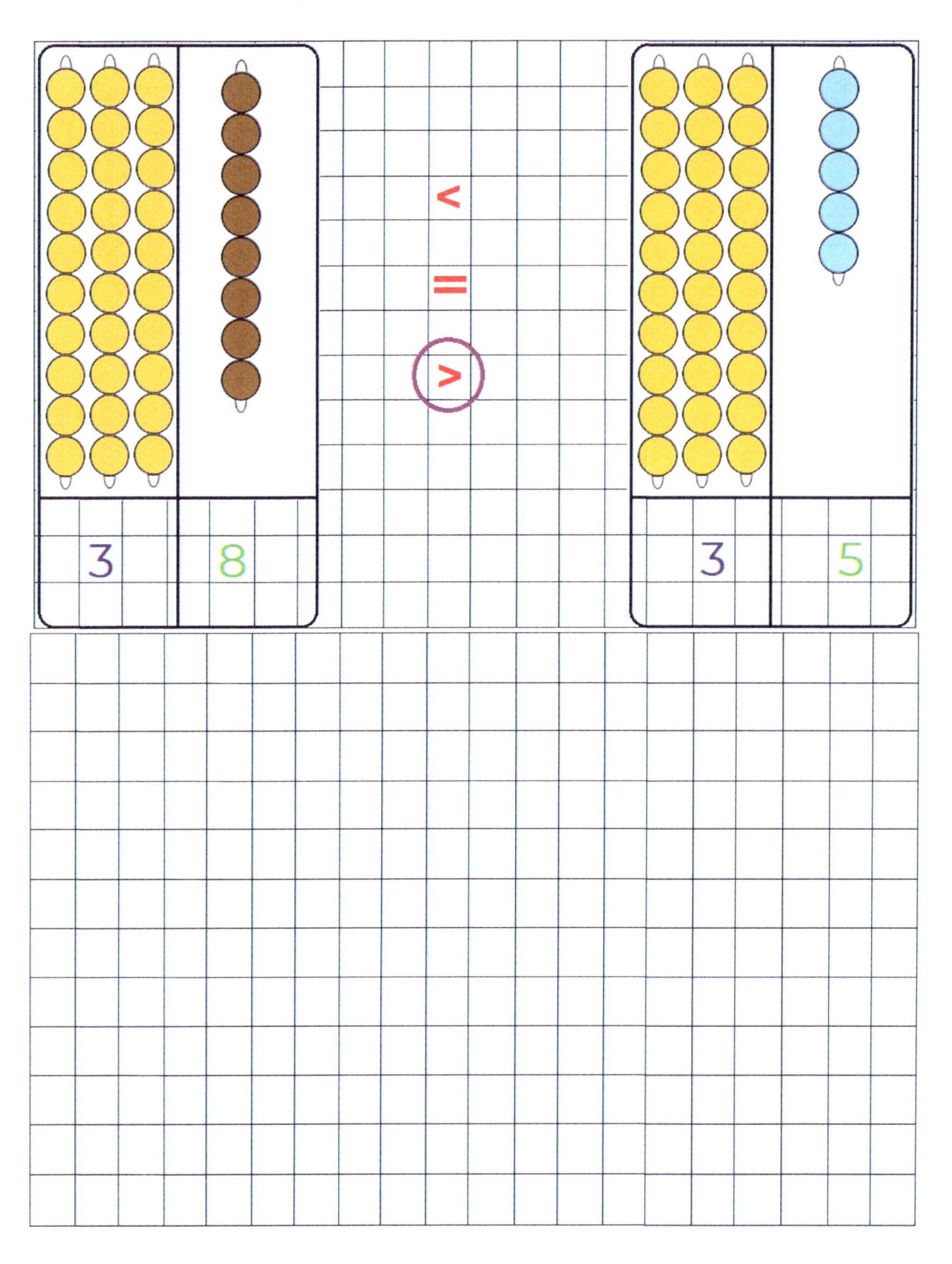

3	8		<		3	5
			=			
			>			

Album Matematica 2

La Numerazione da 11 a 99 e Catene 100-1000

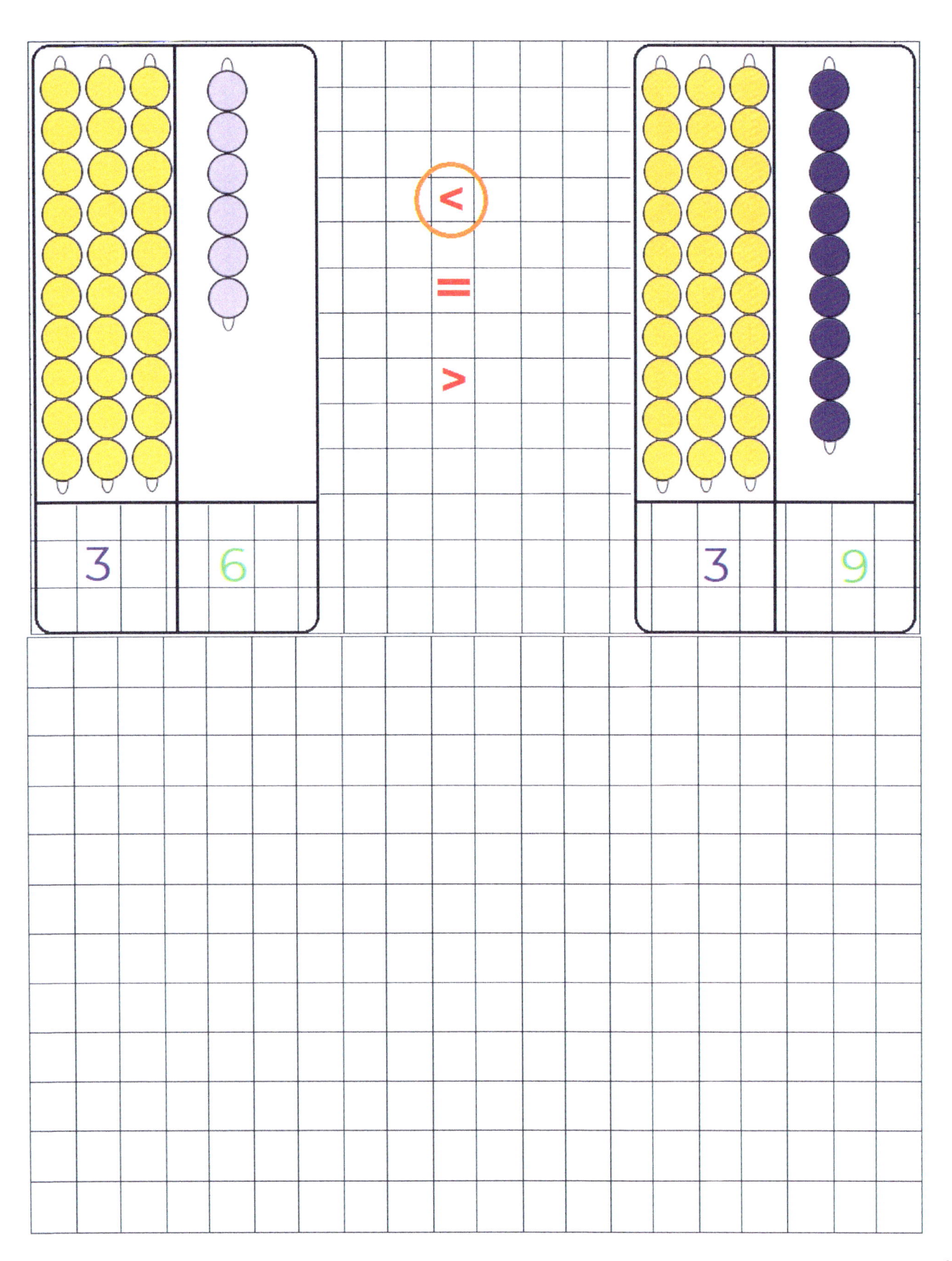

3 6 < 3 9

Album Matematica 2

4 OSSERVA L'ESEMPIO. POI CONTINUA TU!

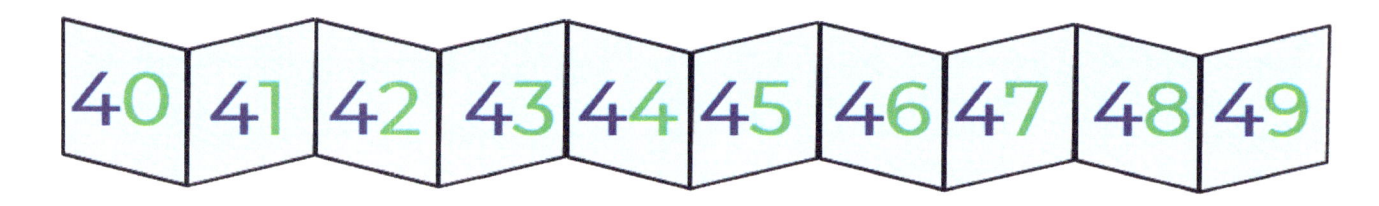

| 40 | 41 | 42 | 43 | 44 | 45 | 46 | 47 | 48 | 49 |

La Numerazione da 11 a 99 e Catene 100-1000

Adesso continua tu ... ogni esercizio può essere svolto con i numeri fino a 99!

La Numerazione da 11 a 99 e Catene 100-1000

Materiali

La Numerazione da 11 a 99 e Catene 100-1000

Per costruire la Catena del cento e la Catena del mille si possono utilizzare i Materiali inseriti nel libro **"Album Matematica 2 – Il Sistema Decimale"**, stampabili su cartoncino resistente

Per unire i Bastoncini di perle dorate del dieci si possono utilizzare fermacampioni di misura piccola

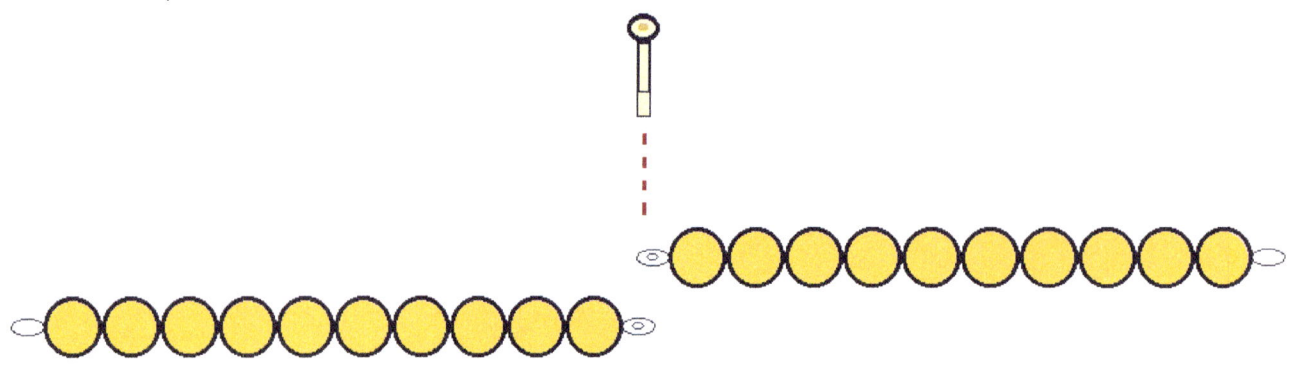

La Numerazione da 11 a 99 e Catene 100-1000

💡 Per costruire le Tavole I e II di Séguin:

Procuriamoci 4 strisce (60 cm x 15 cm ca.) di cartoncino resistente di colore marrone chiaro

Incolliamo la matrice dei numeri 10 e da 10 a 90, presenti in questa sezione, così da riprodurre le Tavole originali

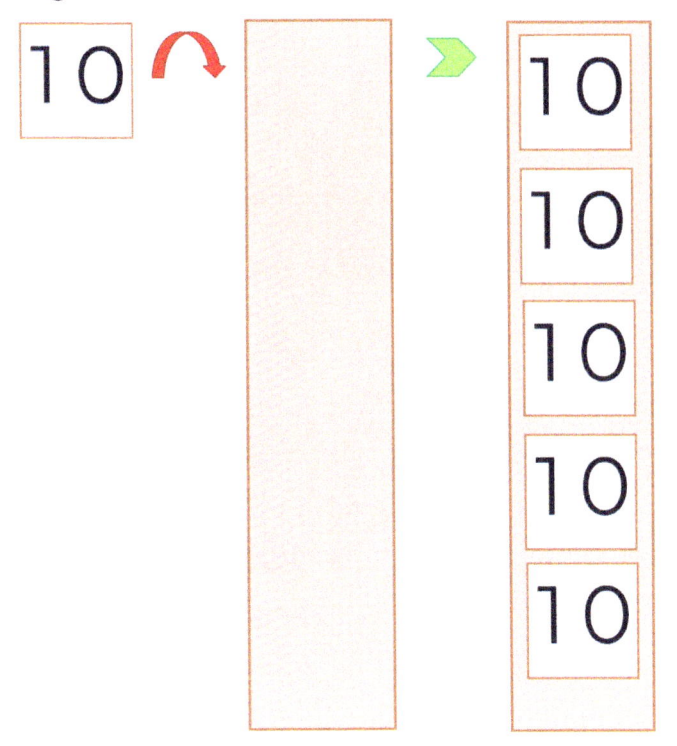

Le Tavolette con i numeri da 1 a 9 (comuni ad entrambe le Tavole), possono essere stampati una sola volta, su cartoncino resistente

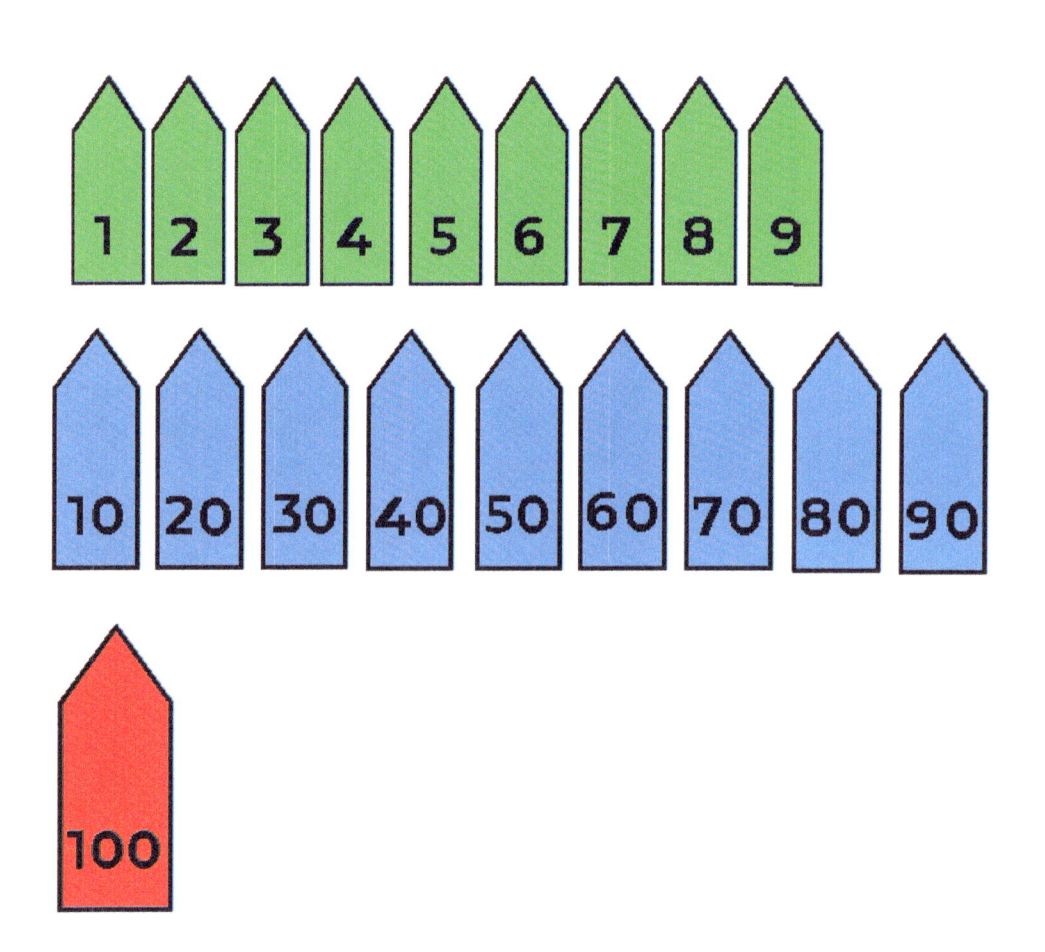

La Numerazione da 11 a 99 e Catene 100-1000

Catena del 100

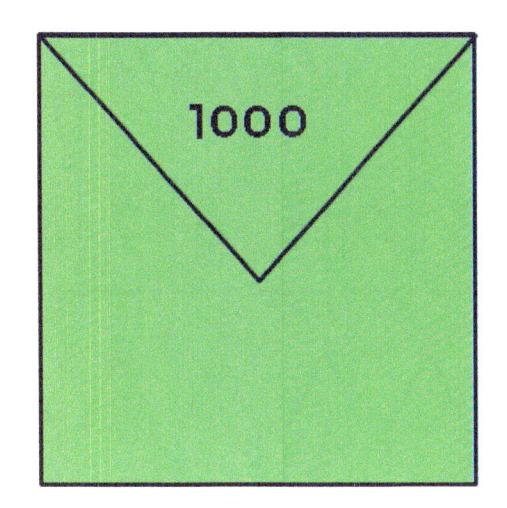

La Numerazione da 11 a 99 e Catene 100-1000

Catena del 1000

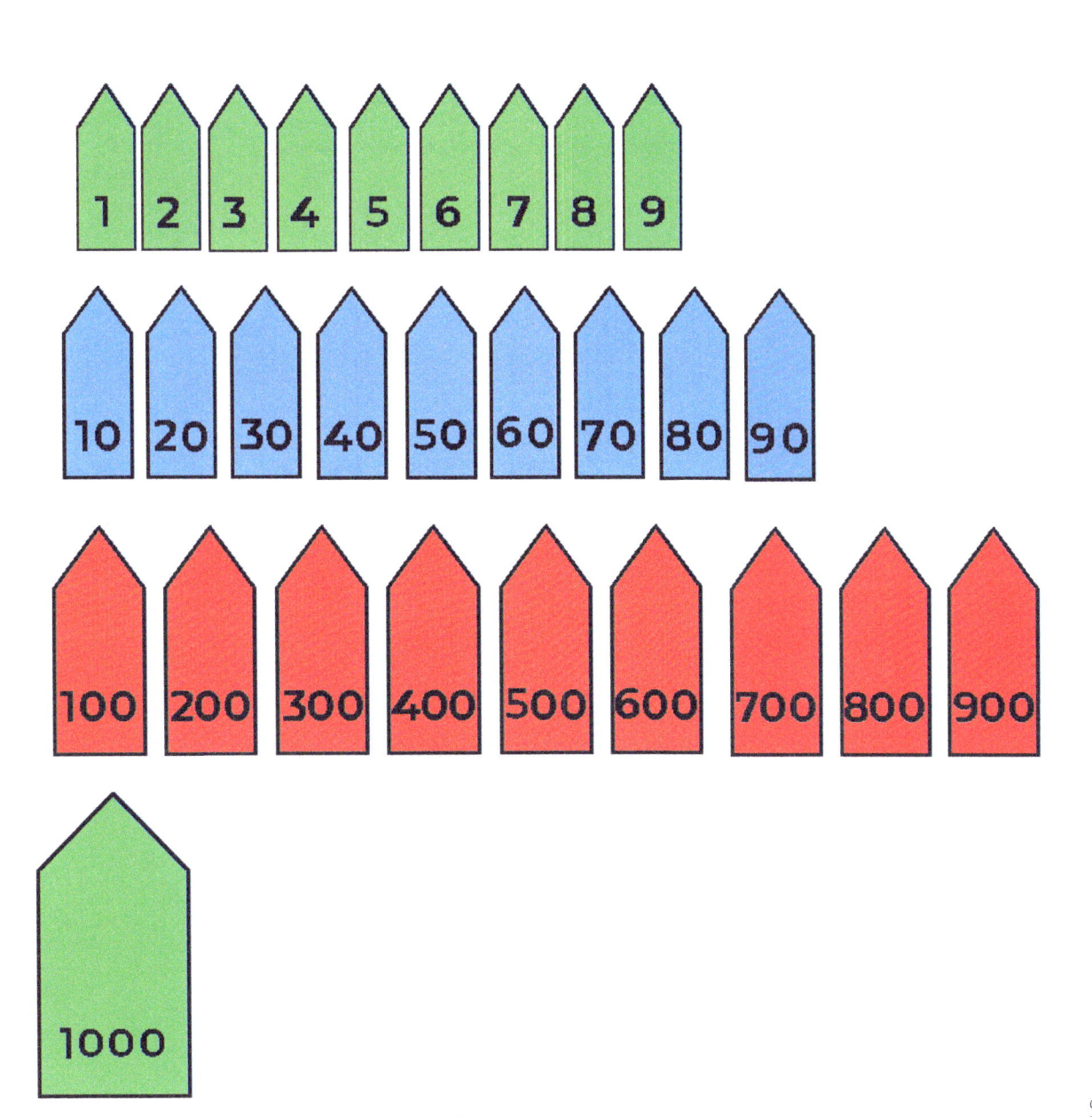

1000

1 2 3 4 5 6 7 8 9

10 20 30 40 50 60 70 80 90

100 200 300 400 500 600 700 800 900

1000

La Numerazione da 11 a 99 e Catene 100-1000

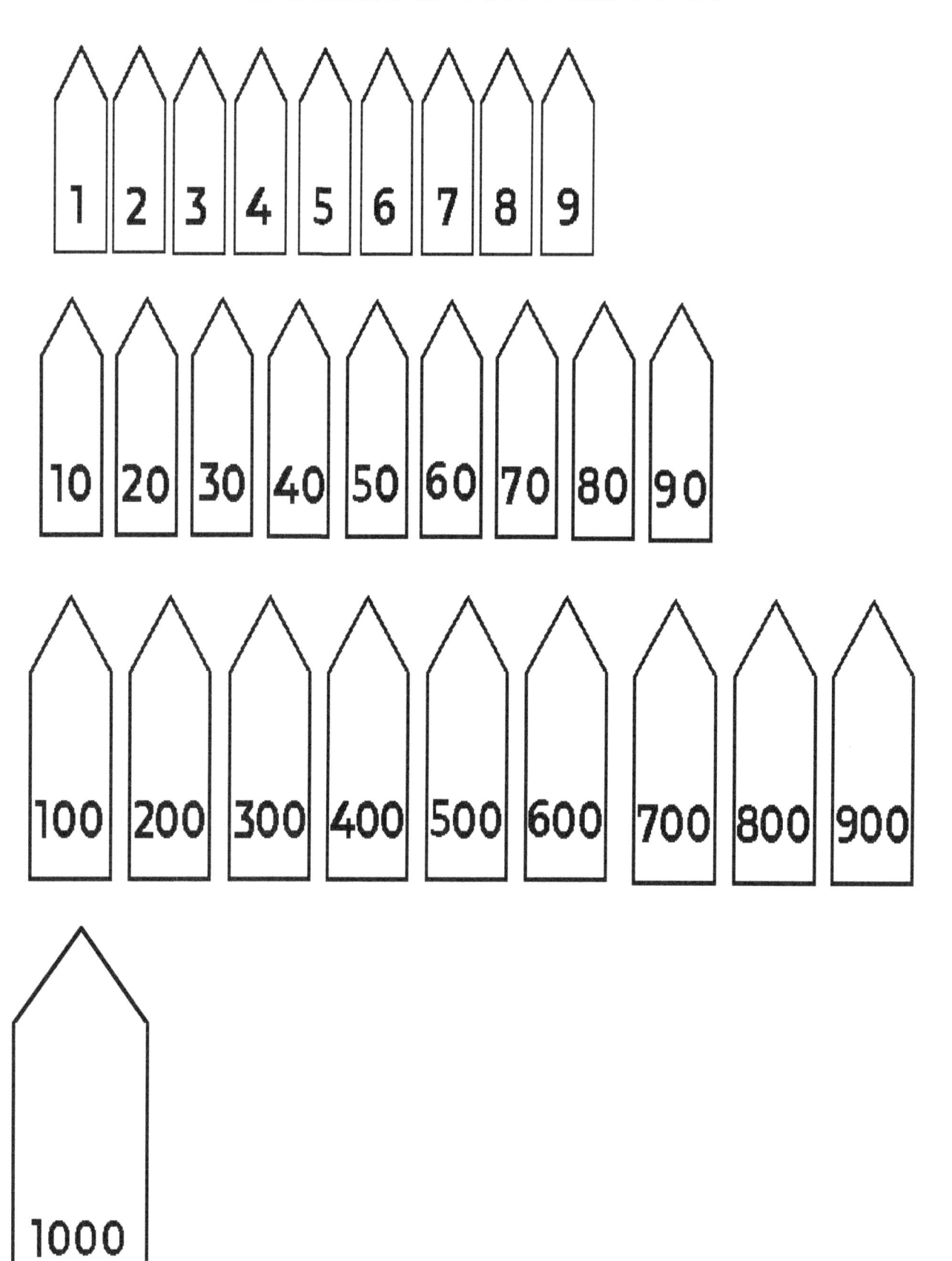

1 2 3 4 5 6 7 8 9

10 20 30 40 50 60 70 80 90

100 200 300 400 500 600 700 800 900

1000

Album Matematica 2

La Numerazione da 11 a 99 e Catene 100-1000

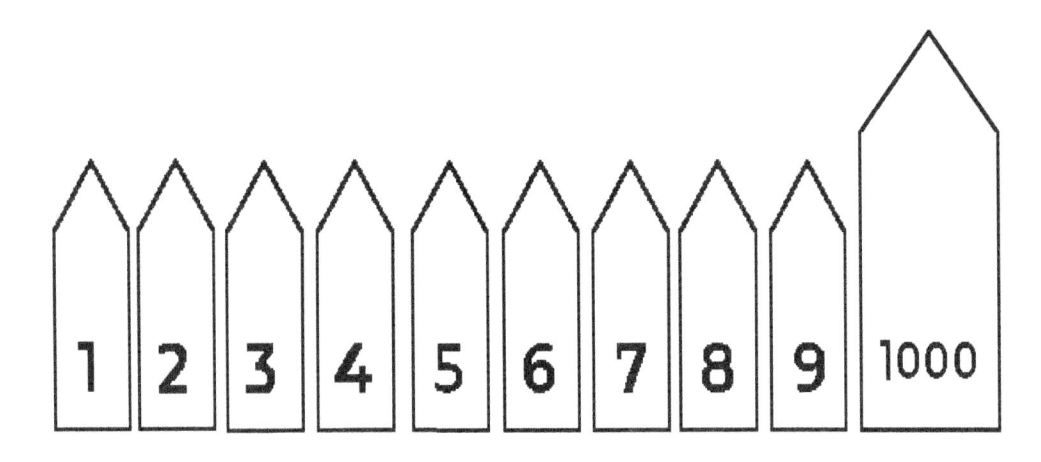

1 2 3 4 5 6 7 8 9 1000

La Numerazione da 11 a 99 e Catene 100-1000

| 10 | 20 | 30 | 40 | 50 | 60 | 70 | 80 | 90 |

Album Matematica 2

La Numerazione da 11 a 99 e Catene 100-1000

| 100 | 200 | 300 | 400 | 500 | 600 | 700 | 800 | 900 |

Frecce stampabili per la Catena del cento (decine intermedie)

La Numerazione da 11 a 99 e Catene 100-1000

Frecce stampabili per la Catena del mille (centinaia intermedie)

La Numerazione da 11 a 99 e Catene 100-1000

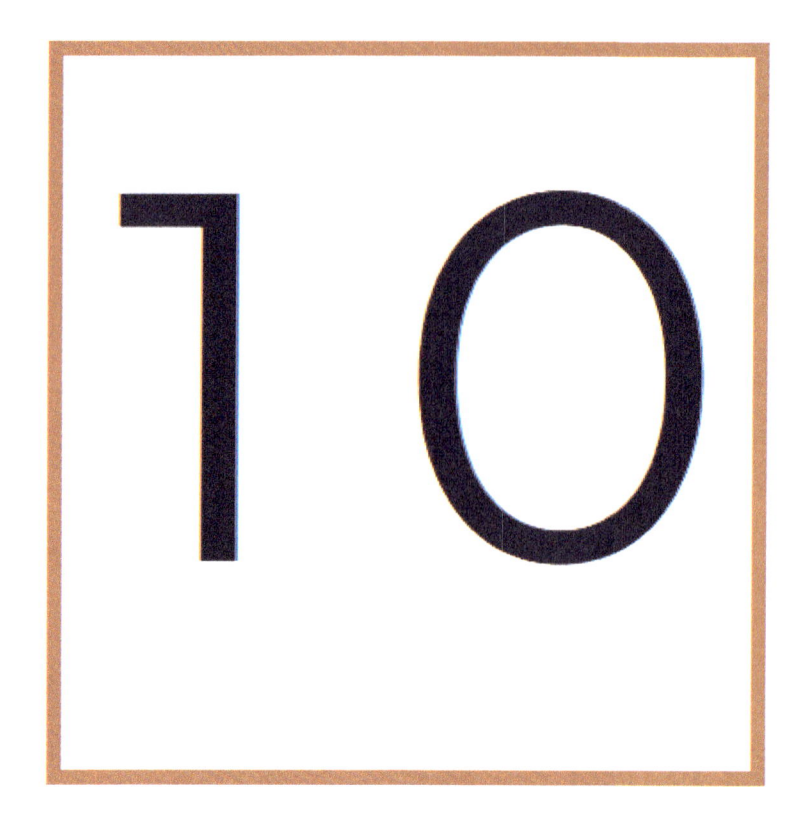

10

10

Album Matematica 2

97

10

10

La Numerazione da 11 a 99 e Catene 100-1000

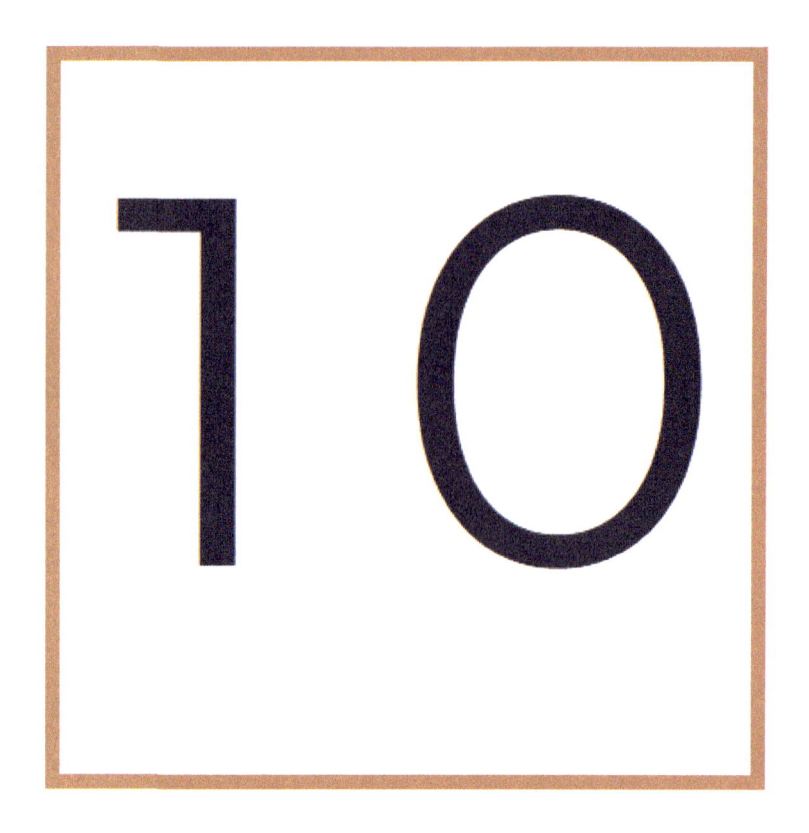

10

10

La Numerazione da 11 a 99 e Catene 100-1000

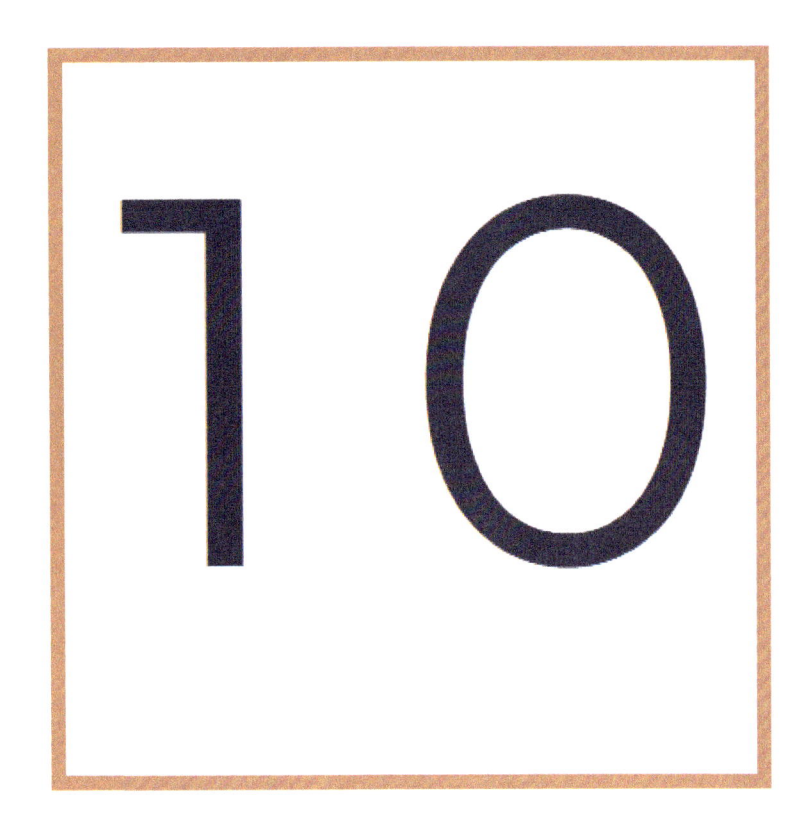

10

10

La Numerazione da 11 a 99 e Catene 100-1000

10

Album Matematica 2

La Numerazione da 11 a 99 e Catene 100-1000

| 1 | 2 |
| 3 | 4 |

Album Matematica 2

| 5 | 6 |
| 7 | 8 |

La Numerazione da 11 a 99 e Catene 100-1000

9 1 0

Album Matematica 2

20

30

40

50

La Numerazione da 11 a 99 e Catene 100-1000

60

70

La Numerazione da 11 a 99 e Catene 100-1000

80

90

La Numerazione da 11 a 99 e Catene 100-1000

💡 il bambino può
ritagliare le strisce della Catena che trova nella pagina successiva, metterle una accanto all'altra, così da ottenere la successione dei Bastoncni del dieci e ... continuare a lavorare!

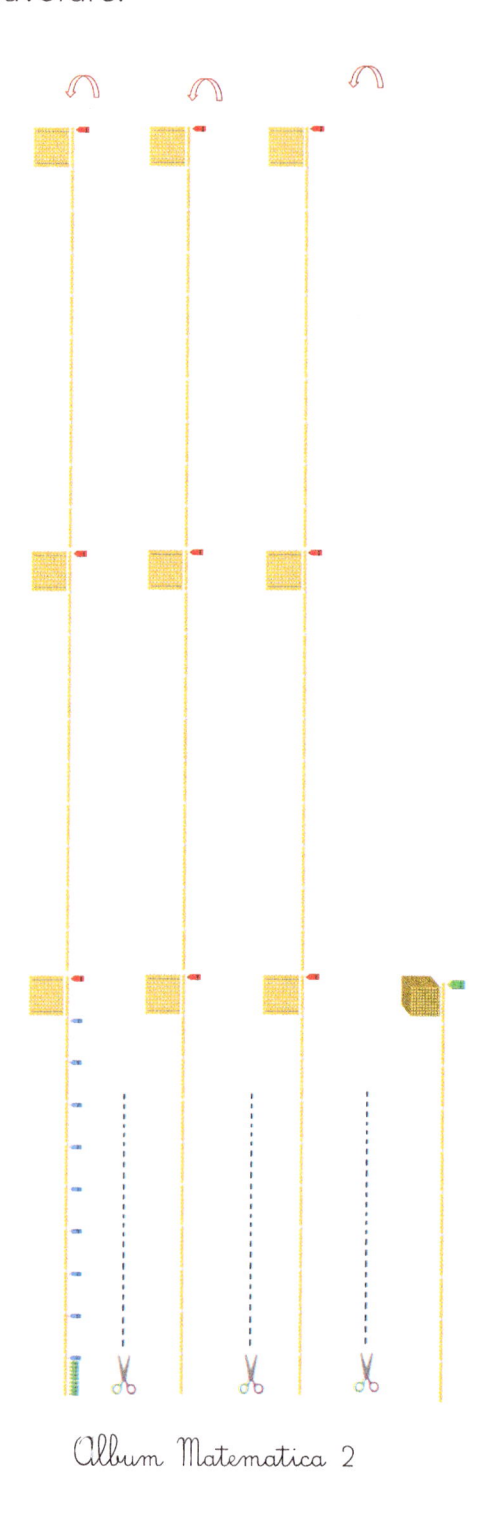

Album Matematica 2

La Numerazione da 11 a 99 e Catene 100-1000

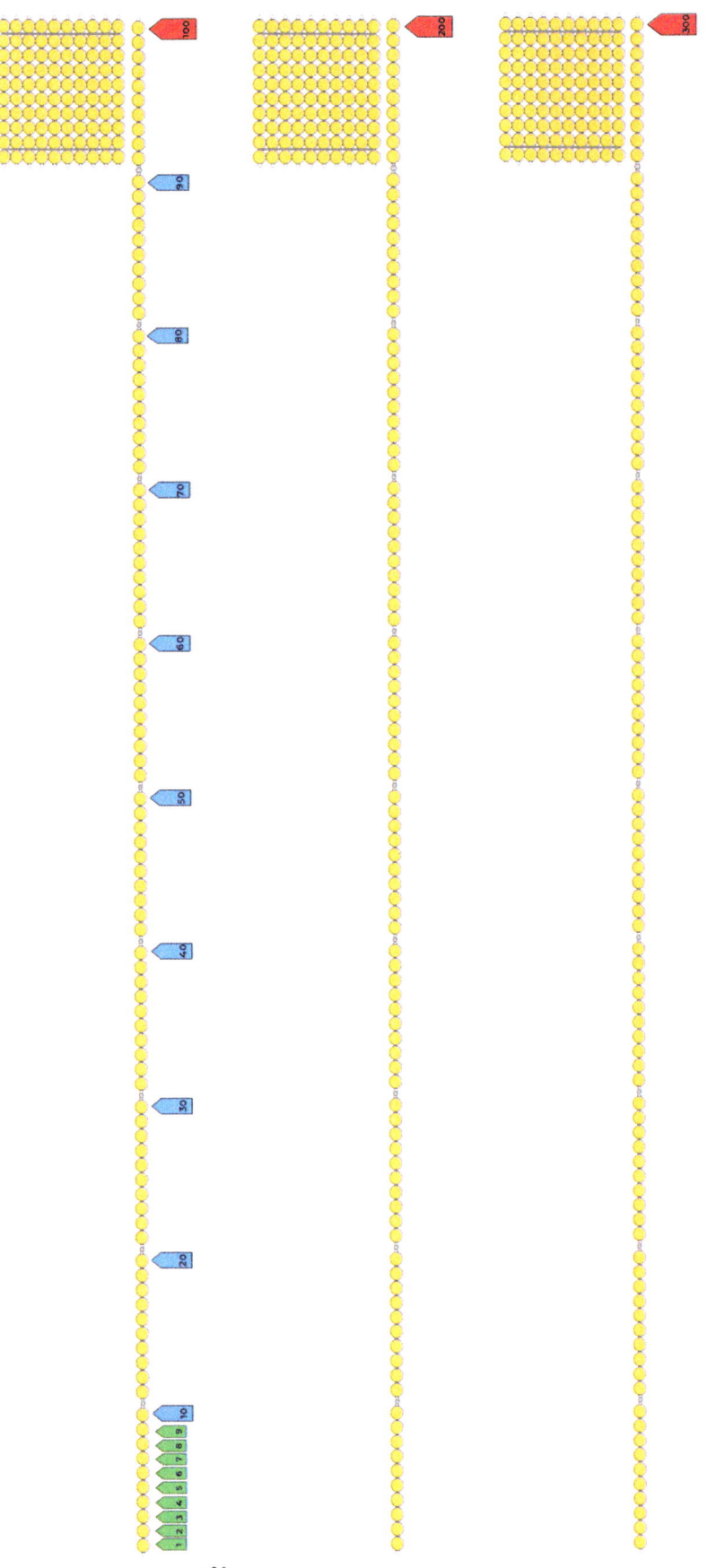

Album Matematica 2

La Numerazione da 11 a 99 e Catene 100-1000

Album Matematica 2

111

La Numerazione da 11 a 99 e Catene 100-1000

Album Matematica 2

112

Printed by Amazon Italia Logistica S.r.l.
Torrazza Piemonte (TO), Italy